工业机器人技术应用专业课程改革成果教材

工业机器人编程与操作实训

Gongye Jiqiren Biancheng yu Caozuo Shixun

主　　编　崔　陵

执 行 主 编　霍永红　项万明

执行副主编　曹　康　陈振一

主　　审　娄海滨　沈柏民

高等教育出版社·北京

内容简介

　　本书是浙江省中等职业学校工业机器人技术应用专业课程改革成果教材。本书以 ABB 公司生产的 IRB 120 工业机器人为载体，以实训的方式介绍工业机器人的编程与操作。

　　本书主要内容包括认识工业机器人系统与示教器、工业机器人手动操作、工业机器人坐标系、工业机器人 I/O 通信、工业机器人程序数据与程序指令、工业机器人典型应用、工业机器人综合应用案例分析。

　　本书配有 Abook 资源，按照本书最后一页"郑重声明"下方使用说明，登录网站（http://abook.hep.com.cn/sve），可获取相关资源。

　　本书可作为中等职业学校工业机器人技术应用专业教学用书，也可作为相关行业的岗位培训教材。

图书在版编目（ＣＩＰ）数据

工业机器人编程与操作实训／崔陵主编 . --北京：高等教育出版社，2021. 4（2023.2重印）

　ISBN 978-7-04-055214-0

　　Ⅰ. ①工… 　Ⅱ. ①崔… 　Ⅲ. ①工业机器人-程序设计-中等专业学校-教材②工业机器人-操作-中等专业学校-教材 　Ⅳ. ①TP242. 2

　中国版本图书馆 CIP 数据核字（2020）第 210447 号

策划编辑	王佳玮	责任编辑	王佳玮	封面设计	姜 磊	版式设计	王艳红
插图绘制	于 博	责任校对	陈 杨	责任印制	赵 振		

出版发行	高等教育出版社	网　址	http://www.hep.edu.cn
社　址	北京市西城区德外大街 4 号		http://www.hep.com.cn
邮政编码	100120	网上订购	http://www.hepmall.com.cn
印　刷	天津鑫丰华印务有限公司		http://www.hepmall.com
开　本	787 mm×1092 mm　1/16		http://www.hepmall.cn
印　张	16		
字　数	290 千字	版　次	2021 年 4 月第 1 版
购书热线	010-58581118	印　次	2023 年 2 月第 2 次印刷
咨询电话	400-810-0598	定　价	39. 00 元

本书如有缺页、倒页、脱页等质量问题，请到所购图书销售部门联系调换

浙江省中等职业教育工业机器人技术应用专业

课程改革成果教材编写委员会

编 写 说 明

2006 年，浙江省政府召开全省职业教育工作会议并下发《省政府关于大力推进职业教育改革与发展的意见》。该意见指出，"为加大对职业教育的扶持力度，重点解决我省职业教育目前存在的突出问题"，决定实施"浙江省职业教育六项行动计划"。2007 年初，作为"浙江省职业教育六项行动计划"项目的浙江省中等职业教育专业课程改革研究正式启动并成立了课题组，课题组用 5 年左右时间，分阶段对约 30 个专业的课程进行改革，初步形成能与现代产业和行业进步相适应的体现浙江特色的课程标准和课程结构，满足社会对中等职业教育的需要。

专业课程改革亟待改变原有以学科为主线的课程模式，尝试构建以岗位能力为本位的专业课程新体系，促进职业教育的内涵发展。基于此，课题组本着积极稳妥、科学谨慎、务实创新的原则，对相关行业企业的人才结构现状、专业发展趋势、人才需求状况、职业岗位群对知识技能要求等方面进行系统的调研，在庞大的数据中梳理出共性问题，在把握行业、企业的人才需求与职业学校的培养现状，掌握国内中等职业学校本专业人才培养动态的基础上，最终确立了"以核心技能培养为专业课程改革主旨、以核心课程开发为专业教材建设主体、以教学项目设计为专业教学改革重点"的浙江省中等职业教育专业课程改革新思路，并着力构建"核心课程+教学项目"的专业课程新模式。这项研究得到由教育部职业技术中心研究所、中央教育科学研究所和华东师范大学职业教育研究所等专家组成的鉴定组的高度肯定，认为课题研究"取得的成果创新性强，操作性强，已达到国内同类研究领先水平"。

依据本课题研究形成的课程理念及其"核心课程+教学项目"的专业课程新模式，课题组邀请了行业专家、高校专家以及一线骨干教师组成教材编写组，根据先期形成的教学指导方案着手编写本套教材，几经论证、修改，现付梓。

由于时间紧、任务重，教材中定有不足之处，敬请提出宝贵的意见和建议，以求不断改进和完善。

浙江省教育厅职成教教研室
2009 年 4 月

前言

　　本书是浙江省中等职业学校工业机器人技术应用专业课程改革成果教材，是工业机器人技术应用专业的核心课程教材。

　　本书以 ABB 公司生产的 IRB 120 工业机器人为实训载体，通过详细的工作步骤讲解，使学生在操作过程中掌握工业机器人编程与操作的基本技能。本书主要内容包括认识工业机器人系统与示教器、工业机器人手动操作、工业机器人坐标系、工业机器人 I/O 通信、工业机器人程序数据与程序指令、工业机器人典型应用、工业机器人综合应用案例分析。每个项目包含若干任务。每个任务采取"工学结合、任务驱动"模式，通过任务描述、知识目标、技能目标、知识准备、任务实施、检测与评价等模块让学生掌握学习内容。

　　本书的编写充分考虑学生的认知规律，力求做到课程对接岗位能力、教材对接专业教学标准及职业标准。本书建议学时为 120 学时，各教学项目学时分配建议如下：

项　　目	任　　务	建议学时
认识工业机器人系统与示教器	认识工业机器人系统	4
	认识工业机器人示教器	6
工业机器人手动操作	工业机器人安全知识	2
	手动操作工业机器人	6
工业机器人坐标系	认识工业机器人坐标系	2
	创建工业机器人工具坐标系	7
	创建工业机器人工件坐标系	7

续表

项　　目	任　　务	建议学时
工业机器人 I/O 通信	认识工业机器人 I/O 通信	4
	配置工业机器人 I/O 通信	10
工业机器人程序数据 与程序指令	程序数据	6
	初识 RAPID 程序指令	12
工业机器人典型应用	编程与操作工业机器人涂胶单元	12
	编程与操作工业机器人码垛单元	12
工业机器人综合 应用案例分析	分析工业机器人分拣生产线	6
	工业机器人分拣生产线编程与操作	18
机动		6
合计		120

本书由崔陵主编，长兴县职业技术教育中心学校霍永红、杭州技师学院项万明担任执行主编并完成统稿，长兴县职业技术教育中心学校曹康、陈振一担任副主编。项目一、项目二由霍永红编写；项目三由何木编写；项目四由霍永红、项万明编写；项目五由陈振一、李忠宝编写；项目六由曹康编写；项目七由项万明、苏超编写。本书由宁波市鄞州职业教育中心学校娄海滨、杭州市中策职业学校沈柏民担任主审。在编写过程中，编者还参考了很多资料，在此一并对相关作者表示真挚的感谢。

本书为校企合作教材，北京华航唯实机器人科技股份有限公司、杭州志杭科技有限公司、亚龙智能装备集团股份有限公司为本书的编写提供了技术支持。

由于编者水平有限，书中难免存在不妥之处，请广大读者不吝赐教，提出宝贵意见。读者意见反馈信箱：zz_dzyj@ pub. hep. cn。

编　者

2021 年 3 月

目录

项目一
认识工业机器人系统与示教器

项目概述

    本项目主要介绍工业机器人系统与示教器的基础知识。

    通过本项目的学习，应能够认识工业机器人系统和示教器，会进行工业机器人的开关机操作。

任务一　认识工业机器人系统

任务描述

通过观察，了解实训室工业机器人的型号、控制器和本体结构的相关信息。

知识目标

- ➢ 了解工业机器人主要型号。
- ➢ 了解工业机器人控制器的作用。
- ➢ 了解工业机器人本体结构。

技能目标

- ➢ 学会查看实训设备所用工业机器人的型号和参数。

知识准备

1. 认识工业机器人的型号

工业机器人有丰富的品牌和型号可供选择，以满足各个行业的需求。本书主要以 ABB 公司生产的工业机器人为例进行讲解。表 1-1-1 所列为部分 ABB 工业机器人的型号。

表 1-1-1　部分 ABB 工业机器人的型号

机器人型号	负载/kg	工作范围/mm	简介与用途	外　形
IRB 120	3~4	580	ABB 工业机器人中较小的多用途机器人，具有体积小、紧凑、灵活的优势。主要用于装配、上下料、物料搬运、包装、涂胶密封等	
IRB 140	6	810	外形紧凑的六轴多用途工业机器人，可落地安装、倒置安装或任意角度挂壁安装。常用于对空间有特殊要求的生产线	
IRB 460	110	2400	操作节拍最高可达 2190 次循环/h，常用于生产线末端码垛作业	
IRB 760	450	3200	最显著的特点是机械手腕转动惯量大，可高速旋转超大超重产品，常用于饮料、建筑材料和化工产品的码垛	
IRB 360	1~8	800~1600	与传统刚性自动化技术相比，IRB 360 具有灵活性高、占地面积小、精度高和负载大等优势	

续表

机器人型号	负载/kg	工作范围/mm	简介与用途	外　　形
YuMi	500	500	适用于小件装配的人机协作型双臂机器人，配备柔性机械手、进料系统、基于相机的工件定位系统及尖端的机器人控制系统，在常规生产环境中可与人类并肩协作，从而帮助企业实现人力与机器人资源的最大化利用	

本书讲解的型号为 IRB 120 工业机器人。

IRB 120 是 ABB 公司生产的小型、高速六轴机器人，是由 ABB（中国）机器人研发团队研发的，其结构紧凑，敏捷，仅重 25 kg。

在尺寸大幅缩小的情况下，IRB 120 继承了该系列工业机器人的所有功能，为缩减工作站占地面积创造了良好条件。紧凑的机型结合轻量化的设计，使 IRB 120 的经济性较好，具有低投资、高产出的优势。

IRB 120 的最大工作行程为 411 mm，底座下方拾取距离 112 mm，广泛适用于电子、食品饮料、机械、太阳能、制药、医疗、科研等领域。

为缩减占用空间，IRB 120 可以任何角度安装在工作站内部、机械设备上方或生产线上其他工业机器人的近旁。IRB 120 第 1 轴回转半径极小，更有助于缩短与其他设备的间距。

现有的机器人品牌除了 ABB 之外还有 FANUC（发那科）、KUKA（库卡）、Yaskawa（安川）、SIASUN（新松）、Comau（柯马）等。

2. 认识工业机器人控制器

工业机器人使用专门的控制器来进行操作，控制器又称为工业机器人的控制柜。

根据使用和环境要求，控制器又分为许多种类。以 ABB 品牌为例，有 IRC5 单柜型控制器、IRC5C 紧凑型控制器、IRC5 PMC 面板嵌入型控制器、IRC5P 喷涂控制器等，下文重点介绍 IRC5C 紧凑型控制器。

IRC5C 紧凑型控制器将同系列常规控制器的绝大部分功能浓缩于仅 310 mm（高）×449 mm（宽）×442 mm（深）的空间内，因此更容易集成，节省空间，通用性也更强，同时丝毫不牺牲系统性能。图 1-1-1 所示为 IRC5C 紧凑型控制器外观。

图 1-1-1　IRC5C 紧凑型控制器外观

IRC5C 的操作面板采用精简设计，完成了线缆接口的改良，以增强使用的便利性和操作的直观性。例如，已预设所有信号的外部接口，并内置可扩展 16 路输入/16 路输出 I/O 系统。图 1-1-2 所示为 IRC5C 紧凑型控制器的开关和接口。

IRC5C 紧凑型控制器配备先进的运动控制技术，为工业机器人在精度、速度、节拍时间、可编程性及外部设备同步性等指标提供帮助。同时，IRC5C 紧凑型控制器也为增设附加硬件与传感器（如 ABB 集成视觉）提供便利。

IRC 紧凑型控制器开关和接口说明见表 1-1-2。

3. 认识工业机器人本体结构

工业机器人是面向工业领域的多关节机械手或者多自由度机器人，它的出现是为了解放人工劳动力，提高企业生产效率。工业机器人的基本组成结构是实现机器人功能的基础，它一般由三大部分和六大系统组成。

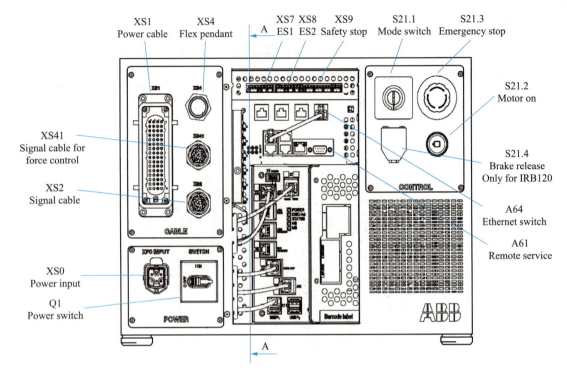

图 1-1-2　IRC5C 紧凑型控制器的开关和接口

表 1-1-2　IRC5C 紧凑型控制器开关和接口说明

接　口	接口说明	备　注
Power switch	主电源控制开关	
Power input	220 V 电源接口	
Signal cable	SMB 电缆接口	连接至工业机器人 SMB 输出接口
Signal cable for force control	力控制选项信号电缆输入接口	有力控制选项才有用
Power cable	工业机器人主电缆	连接至工业机器人主电输入接口
Flex pendant	示教器电缆接口	
ES1	急停输入接口 1	
ES2	急停输入接口 2	
Safety stop	安全停止接口	
Mode switch	工业机器人运动模式切换	
Emergency stop	急停按钮	

续表

接　口	接口说明	备　注
Motor on	工业机器人马达上电/复位按钮	
Brake release	工业机器人本体送刹车按钮	只对 IRB 120 有效
Ethernet switch	以太网接口	
Remote service	远程服务接口	

（1）机械部分

机械部分是工业机器人的本体部分。这部分主要分为两个系统。

1）驱动系统。要使工业机器人运行起来，需要在各个关节处安装传感装置和传动装置，这就是驱动系统。它的作用是提供机器人各部分、各关节动作的原动力。驱动系统传动部分可以是液压传动系统、电动传动系统、气动传动系统，或者是几种系统结合起来的综合传动系统。

2）机械结构系统。工业机器人机械结构系统主要由四大部分构成：机身、臂部、腕部和手部。每一部分具有若干自由度，构成一个多自由度的机械系统。末端执行器是直接安装在腕部的重要部件，它可以是多手指的手爪，也可以是喷漆枪或者焊枪等作业工具。图 1-1-3 所示为 IRB 120 工业机器人关节，图 1-1-4 所示为 IRB 120 工业机器人运动范围。

（2）感受部分

感受部分就像人类的五官，为工业机器人工作提供"感觉"，使工业机器人工作更加精确。这部分主要可以分为两个系统。

1）感受系统。感受系统由内部传感器模块和外部传感器模块组成，用于获取内部和外部环境状态中有意义的信息。智能传感器可以提高机器人的机动性、适应性和智能化程度。对于一些特殊的信息，传感器的灵敏度甚至可以超越人类的感觉系统。

2）机器人-环境交互系统。机器人-环境交互系统是实现工业机器人与外部环境设备的相互联系和协调的系统。工业机器人与外部设备集成为一个功能单元，如加工制造单元、焊接单元、装配单元，也可以多台工业机器人、多台机床设备或者多个零件存储装置集成为一个能执行复杂任务的功能单元。

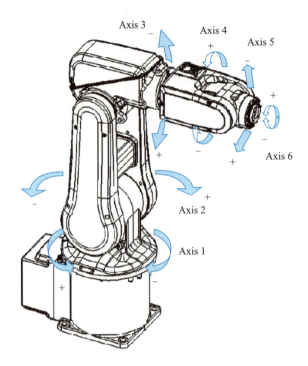

图 1-1-3   IRB 120 工业机器人关节

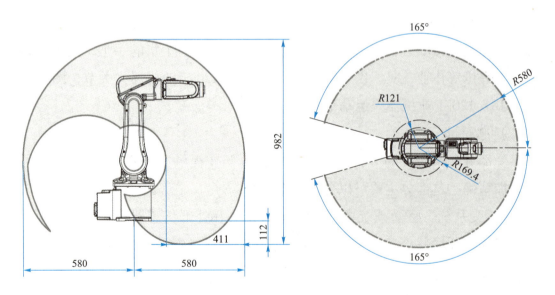

图 1-1-4   IRB 120 工业机器人运动范围

（3）控制部分

控制部分相当于工业机器人的大脑，可以直接或者通过人工对工业机器人的动作进行控制。控制部分也可以分为两个系统：

1）人机交互系统。人机交互系统是使操作人员参与工业机器人控制并与工业机器人进行联系的装置，如计算机的标准终端、指令控制台、信息显示板、危险信号警报器、示教盒。简单来说，该系统可以分为指令给定系统和信息显示装置两大部分。

2）控制系统。控制系统主要是根据机器人的作业指令程序及从传感器反馈的信号支配执行机构去完成规定的运动和功能。根据控制原理，控制系统可以分为程序控制系统、适应性控制系统和人工智能控制系统三种。根据运动形式，控制系统可以分为点位控制系统和轨迹控制系统两种。

通过上述三大部分六大系统的协调作业，工业机器人成为高精密度的机械设备，具备工作精度高、稳定性强、工作速度快等特点，为企业提高生产效率和产品质量奠定了基础。

任务实施

按如下步骤进行任务实施：

1）仔细查看实训室的工业机器人，正确识读实训室工业机器人的型号。

2）仔细查看实训室工业机器人控制器，记录实训室工业机器人控制器的型号及规格。

3）提出自己的疑问，并查阅相关资料。

检测与评价

参考初识工业机器人检测与评价表（表1-1-3），对工业机器人认知情况进行评价，并根据完成的实际情况进行总结。

表 1-1-3　初识工业机器人检测与评价表

评价项目		评价要求	评分标准	分值	得分
任务内容	了解 ABB 机器人主要型号	正确识读实训室工业机器人的型号	结果性评分，正确 40 分，错误不得分	40	
	了解机器人控制器的作用	正确识读实训室工业机器人所配的控制器型号	结果性评分，正确 35 分，错误不得分	35	
安全文明生产	设备	保证设备安全	1. 每损坏设备 1 处扣 1 分 2. 人为损坏设备倒扣 10 分	10	
	人身	保证人身安全	否决项，发生皮肤损伤、触电、电弧灼伤等，本任务不得分	5	
	文明生产	劳动保护用品穿戴整齐 遵守各项安全操作规程 实训结束要清理现场	1. 违反安全文明生产考核要求的任何一项，扣 1 分 2. 当教师发现重大人身事故隐患时，要立即制止，并倒扣 10 分 3. 不穿工作服和绝缘鞋，不得进入实训场地	10	
合计				100	

任务小结

本任务要求会查看实训室所用工业机器人的型号及其使用的控制器的型号。

完成任务的同时，要求知晓 ABB 工业机器人常见的型号及控制器型号，以及工业机器人本体结构。

思考与练习

1）列举工业机器人的常见品牌。

2）列举工业机器人的三大部分和六大系统。

任务二　认识工业机器人示教器

任务描述

通过示教器对工业机器人进行开关机操作。

知识目标

➤ 熟悉工业机器人示教器的外观。

➤ 认识工业机器人示教器按钮的功能。

➤ 了解工业机器人示教器使能按钮的作用。

技能目标

➤ 认识工业机器人示教器，并能对工业机器人进行简单的操作。

知识准备

1. 熟悉示教器外观

工业机器人的操作是通过示教器来完成的。示教器是进行机器人的手动操纵、程序编写、参数配置，以及监控的手持装置，也是最常见的机器人控制装置。图 1-2-1 所示为 ABB 工业机器人示教器外观。

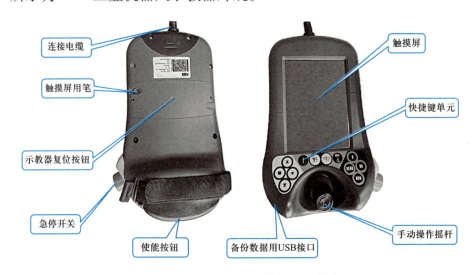

连接电缆

触摸屏用笔

示教器复位按钮

急停开关

使能按钮　　备份数据用USB接口

触摸屏

快捷键单元

手动操作摇杆

图 1-2-1   ABB 工业机器人示教器外观

2. 认识示教器按钮功能

图 1-2-2 所示为示教器相关按钮及其功能。

3. 认识示教器使能按钮

工业机器人示教器的使能按钮（图 1-2-3）位于示教器的右侧。

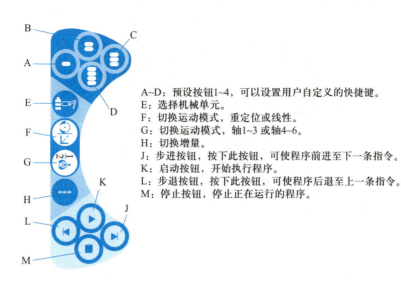

A~D：预设按钮1~4，可以设置用户自定义的快捷键。
E：选择机械单元。
F：切换运动模式，重定位或线性。
G：切换运动模式，轴1~3或轴4~6。
H：切换增量。
J：步进按钮，按下此按钮，可使程序前进至下一条指令。
K：启动按钮，开始执行程序。
L：步退按钮，按下此按钮，可使程序后退至上一条指令。
M：停止按钮，停止正在运行的程序。

图 1-2-2 示教器按钮及其功能

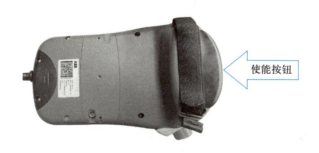

使能按钮

图 1-2-3 工业机器人示教器的使能按钮

使能按钮是为保证操作人员人身安全而设计的。使能按钮分为两挡，在手动状态下按下第一挡，工业机器人将处于"电机开启"状态。只有在按下使能按钮并保持"电机开启"状态时才可以对工业机器人进行手动操作和程序调试。按下第二挡时工业机器人会处于防护停止状态。当发生危险时人会本能地将使能按钮松开或按紧，这两种情况下工业机器人都会马上停下来，保证了人身与设备的安全。操作示教器时，通常会手持该设备。常用左手持设备，右手在触摸屏上执行操作。图 1-2-4 所示为示教器的正确握法。

图1-2-4　示教器的正确握法

任务实施

按如下步骤进行任务实施：

1）接通总电源，旋转控制器上的主电源控制开关，使工业机器人上电。

2）等待工业机器人开机。

3）按正确的方式拿起工业机器人示教器。

4）打开菜单，找到关机选项，单击关机。

5）等待示教器关机，先断开控制器电源开关，再切断总电源。

检测与评价

参考初识工业机器人示教器检测与评价表（表1-2-1），对工业机器人示教器认知情况进行评价，并根据完成的实际情况进行总结。

表1-2-1　初识工业机器人示教器检测与评价表

评价项目		评价要求	评分标准	分值	得分
任务内容	初步认识工业机器人示教器	了解工业机器人示教器外部组成	结果性评分，正确25分，错误不得分	25	

续表

评价项目		评价要求	评分标准	分值	得分
任务内容	了解工业机器人示教器使能按钮的作用	能正确、安全地对工业机器人进行开机操作，手持示教器方法正确无误	结果性评分，正确 25 分，错误不得分	25	
	了解工业机器人示教器上快捷按钮的功能	了解工业机器人示教器上快捷按钮的功能，并能使用示教器关机	结果性评分，正确 25 分，错误不得分	25	
安全文明生产	设备	保证设备安全	1. 每损坏设备 1 处扣 1 分 2. 人为损坏设备倒扣 10 分	10	
	人身	保证人身安全	否决项，发生皮肤损伤、触电、电弧灼伤等，本任务不得分	5	
	文明生产	劳动保护用品穿戴整齐 遵守各项安全操作规程 实训结束要清理现场	1. 违反安全文明生产考核要求的任何一项，扣 1 分 2. 当教师发现重大人身事故隐患时，要立即制止，并倒扣 10 分 3. 不穿工作服和绝缘鞋，不得进入实训场地	10	
合计				100	

知识拓展

工业机器人应用现状

工业机器人的应用日益广泛。汽车行业对工业机器人的需求量持续快速增长，食品行业的需求也有所增加，电子行业则是工业机器人应用较普遍的行业。

工业机器人能替代越来越昂贵的劳动力，同时能提升工作效率和产品品质。制造企业中，工业机器人可以完成生产线精密零件的组装任务，更可替代人工在喷涂、焊接、装配等不良工作环境中工作，并可与数控超精密机床等工作母机协同加工生产，提高生产效率，替代部分非技术工人。

使用工业机器人可以降低产品废品率和成本、提高机床利用率、减少人工成本、减少机床损耗、加快技术创新、提高企业竞争力等。工业机器人还可执行各种高危任务，平均故障间隔期达 60000 h 以上，比传统的自动化工艺更加先进。

任务小结

本任务要求会使用工业机器人示教器。完成任务的同时，要求熟悉工业机器人示教器外观，熟悉示教器按钮及相关功能。

思考与练习

1）简述工业机器人示教器各按钮的基本功能。

2）写出 IRB 120 工业机器人开关机的操作步骤。

项目二
工业机器人手动操作

项目概述

　　本项目主要介绍工业机器人手动操作的基础知识。

　　通过本项目的学习，应熟悉工业机器人操作安全注意事项，掌握手动操作工业机器人的方法。

任务一   工业机器人安全知识

任务描述

针对工业机器人安全操作注意事项查阅相关资料，解决相应问题。

知识目标

➤ 了解工业机器人安全操作事项。

技能目标

➤ 能够在保证安全的情况下对机器人进行简单操作。

知识准备

1. 工业机器人安全操作要求

工业机器人安全操作要求见表 2-1-1。

表 2-1-1　工业机器人安全操作要求

序号	项　目	具 体 内 容
1	安全距离	在调试与运行工业机器人时，它可能会执行一些意外的或不规范的运动，从而严重伤害个人或损坏工业机器人工作范围内的设备，所以应时刻警惕，并与工业机器人保持足够的安全距离
2	做好静电放电防护	静电放电（ESD）是电势不同的两个物体间的静电传导，它可以通过直接接触传导，也可以通过感应电场传导。搬运部件或部件容器时，未接地的人员可能会传递大量的静电荷，这一放电过程可能会损坏敏感的电子设备，所以在有标识的情况下，要做好静电放电防护
3	紧急停止	紧急停止优先于任何其他工业机器人控制操作，它会断开工业机器人电动机的驱动电源，停止所有运转部件，并切断由工业机器人系统控制且存在潜在危险的功能部件的电源。出现下列情况时请立即按下紧急停止按钮： 工业机器人运行时，工作区域内有工作人员 工业机器人伤害了工作人员或损坏了机器设备
4	工作中的安全	如果保护空间内有工作人员，请手动操作工业机器人系统 进入保护空间时，请准备好示教器，以便随时控制工业机器人 注意旋转或运动的工具，例如切削工具和锯，确保在接近工业机器人之前，这些工具已经停止运动 注意工件和工业机器人系统的高温表面。工业机器人电动机长期运转后温度很高 注意夹具并确保其夹好工件。如果夹具打开，工件会脱落并导致人员伤害或设备损坏。夹具非常有力，如果不按照正确方法操作，也会导致人员伤害。工业机器人停机时，夹具上不应置物，必须空机 注意液压、气压系统以及带电部件。即使断电，这些电路上的残余电量也很危险

续表

序号	项 目	具 体 内 容
5	示教器的安全	小心操作，不要摔打、抛掷或重击示教器，这样会导致其破损或发生故障。在不使用示教器时，将它挂到专门的支架上，以防意外掉落 应避免踩踏示教器的电缆 切勿使用锋利的物体（如螺钉、刀具或笔尖）操作触摸屏，这样会使触摸屏受损。应用手指或触摸笔去操作触摸屏 定期清洁触摸屏。灰尘和小颗粒可能会挡住屏幕，造成故障 切勿使用溶剂、洗涤剂或擦洗海绵清洁示教器，可使用软布蘸少量水或中性清洁剂清洁 没有连接 USB 设备时，务必盖上 USB 接口的保护盖。如果接口暴露到灰尘中，可能会使连接中断或发生故障
6	手动模式下的安全	在手动限速模式下，工业机器人只能减速操作，只要操作者在保护空间之内工作，就应始终以手动速度进行操作 在手动全速模式下，工业机器人以程序预设速度移动。手动全速模式应仅用于所有人员都处于保护空间之外时，而且操作者必须经过特殊训练，熟知潜在的危险
7	自动模式下的安全	自动模式用于在生产中运行工业机器人程序。在自动模式下，常规模式停止（GS）机制、自动模式停止（AS）机制和上级停止（SS）机制都将处于活动状态
8	关闭总电源	在进行机器人的安装、维修、保养时，切记要切断总电源。带电作业可能会产生致命后果，如果不慎遭高压电击，可能会导致心跳停止、烧伤或其他严重伤害 在得到停电通知时，要预先关闭工业机器人的主电源及气源开关 突然停电后，要在来电之前预先关闭工业机器人的主电源开关，并及时取下夹具上的工件

根据表 2-1-1 所列工业机器人主要的安全操作要求，结合编程及生产实际，我们需要从操作及编程两方面来加以注意。

2. 工业机器人操作注意事项

1）工业机器人的操作者必须对自己的安全负责，必须遵守安全操作要求。

2）操作者应完成培训课程。

3）在设备运转中，有时工业机器人看上去已经停止，这可能是因为工业机器人在等待启动信号而处在即将动作的状态。在这样的状态下，应该将工业机器人视为正在动作中。为了确保操作者的安全，应当以警报灯或者响声等来切实告知操作者工业机器人为动作的状态。

4）应尽可能将外围设备设置在机器人的动作范围之外。

5）应在地板上画线条等来标明工业机器人的动作范围，让操作者了解工业机器人握持工具（机械手、工具等）的动作范围。如图 2-1-1 所示，将握持工具装到工业机器人上，调整工业机器人最大动作距离，以此安全距离设置正方形警戒线。

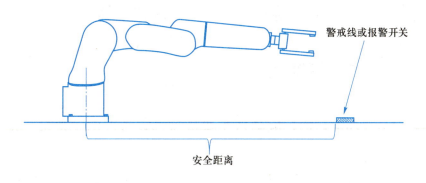

警戒线或报警开关

安全距离

图 2-1-1　设置警戒线

6）在进行外围设备的个别调试时，务必断开工业机器人的电源。

7）在使用操作面板和示教器时，由于戴手套操作有可能出现操作上的失误，因此，务必在摘下手套后再进行作业。

8）程序和系统变量等信息可以保存到存储卡等存储介质中。为了预防由于意想不到的事故而导致数据丢失，建议操作者定期保存数据。

9）搬运或安装工业机器人时，务必按照正确方法进行。如果以错误的方法进行作业，则有可能由于工业机器人的翻倒而导致操作者受重伤。

10）在安装好以后首次操作工业机器人时，务必以低速进行。然后逐渐地加快速度，并确认是否有异常。

11）在操作工业机器人时，务必确认安全栅栏内没有人员，同时，检查是否存在潜在的危险。当确认存在潜在危险时，务必排除危险之后再进行操作。

12）不要在下列情形下使用工业机器人。否则，不仅会给工业机器人和外围设备造成不良影响，而且还可能导致操作者受重伤。

① 有可燃性气体的环境。

② 有爆炸性气体的环境。

③ 存在大量辐射的环境。

④ 在水中或高湿度环境。

⑤ 以运输人或动物为目的的使用。

⑥ 作为梯子使用（爬到工业机器人上面，或悬垂于其下）。

3. 工业机器人编程注意事项

1）在进行示教作业之前，应确认工业机器人或者外围设备没有处在危险的状态且没有异常。

2）在迫不得已的情况下需要进入工业机器人的动作范围内进行示教作业时，应事先确认安全装置（如急停按钮、示教器的安全开关）的位置和状态等。

3）操作者应特别注意，勿使其他人员进入机器人的动作范围。

4）编程时应尽可能在安全栅栏外进行。必须在安全栅栏内进行时，应注意下列事项：

① 仔细察看安全栅栏内的情况，确认没有危险后再进入栅栏内部。

② 要做到随时都可以按下急停按钮。

③ 应以低速运行工业机器人。

④ 应在确认清整个系统的状态后进行作业，以避免外围设备的遥控指令和动作带来危险。

5）从控制柜或操作面板使工业机器人启动时，应充分确认工业机器人的动作范围内没有人且没有异常。

6）编程结束后，务必按照下列步骤测试运转：

① 在低速下，以单步模式执行至少一个循环。

② 在低速下，以连续运转模式执行至少一个循环。

③ 在中速下，以连续运转模式执行一个循环，确认没有发生由于时滞等引起的异常。

④ 在运转速度下，以连续运转模式执行一个循环，确认可以顺畅自动运行。

⑤ 通过上面的测试运转确认程序没有差错，然后在自动运行下执行程序。

7）在自动运行时，操作者务必撤离到安全栅栏外。

8）在不需要操作工业机器人时，应断开工业机器人控制装置的电源，或者按下急停按钮。

任务实施

1）查阅其他相关材料，了解工业机器人安全操作的具体内容。

2）在不违反相关安全操作要求的情况下，对工业机器人进行开关机操作。

检测与评价

参考工业机器人手动操作检测与评价表（表2-1-2），对工业机器人安全认知情况进行评价，并根据理解内容的实际情况进行总结。

表 2-1-2　工业机器人手动操作检测与评价表

评 价 项 目		评 价 要 求	评 分 标 准	分值	得分
任务内容	了解工业机器人安全守则	认识 ABB 工业机器人安全操作要求	结果性评分，正确 35 分，错误不得分	35	
	了解工业机器人安全操作方法	认识 ABB 工业机器人安全操作方法	结果性评分，正确 35 分，错误不得分	35	
安全文明生产	设备	保证设备安全	1. 每损坏设备 1 处扣 1 分 2. 人为损坏设备倒扣 10 分	10	
	人身	保证人身安全	否决项，发生皮肤损伤、触电、电弧灼伤等，本任务不得分	10	
	文明生产	劳动保护用品穿戴整齐　遵守各项安全操作规程　实训结束要清理现场	1. 违反安全文明生产考核要求的任何一项，扣 1 分 2. 当教师发现重大人身事故隐患时，要立即制止，并倒扣 10 分 3. 不穿工作服和绝缘鞋，不得进入实训场地	10	
合计				100	

任务小结

本任务重点要求了解工业机器人操作的安全知识，使学生在学习和实训的过程中有相应的警觉意识，避免发生安全事故。

思考与练习

1）在使用示教器操作工业机器人时，有哪些安全注意事项？

2）为什么在调试及运行工业机器人时，需时刻警惕与工业机器人保持足够的安全距离？

任务二　手动操作工业机器人

任务描述

使用示教器对工业机器人进行简单的操作。

知识目标

➤ 熟悉工业机器人的启动步骤、关机步骤。

➤ 了解工业机器人的运行模式。

➤ 认识工业机器人的运动模式。

技能目标

➤ 能对工业机器人进行开关机操作。
➤ 能修改工业机器人的运动模式。

知识准备

1. 知悉工业机器人启动步骤、关机步骤

（1）开机步骤

在确认电源电压正常的情况下，旋转控制器上的电源开关（图 2-2-1）到 ON 的位置，等待示教器显示，完成开机。

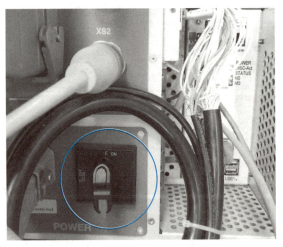

图 2-2-1   工业机器人电源开关

（2）关机步骤

在确认工业机器人处于停止状态时，打开左上角的 ABB 菜单，如图 2-2-2 所示。

图 2-2-2　ABB 菜单

单击"重新启动"按钮，如图 2-2-3 所示。

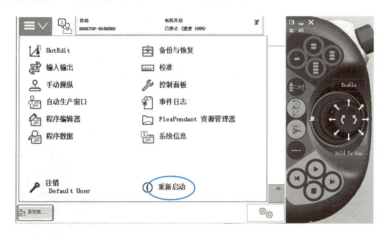

图 2-2-3　"重新启动"按钮

单击"高级…"按钮，如图 2-2-4 所示。

图 2-2-4　"高级…"按钮

单击"关闭主计算机",再单击"下一个"按钮,如图 2-2-5 所示。

图 2-2-5   "关闭主计算机"及"确定"按钮

再单击"关闭主计算机"按钮,如图 2-2-6 所示。

图 2-2-6   "关闭主计算机"按钮

最后旋转控制器电源开关到 OFF 的位置,如图 2-2-7 所示。

2. 认识工业机器人的运行模式

工业机器人的运行模式分为手动模式和自动模式。

图 2-2-7　旋转控制器电源开关到 OFF 的位置

　　工业机器人切换手动模式如图 2-2-8 所示，在工业机器人停止的状态下，用钥匙旋转控制器上的模式开关至手动。

图 2-2-8　工业机器人切换手动模式

　　工业机器人切换自动模式如图 2-2-9 所示，工业机器人在安全位置且程序正常的情况下，用钥匙旋转控制器上的模式开关至自动。

图 2-2-9 工业机器人切换自动模式

3. 认识工业机器人运动模式

（1）单轴运动模式

在控制器选择手动模式的情况下，按下如图 2-2-10 所示的按钮可以使工业机器人进入单轴运动的模式。

图 2-2-10 工业机器人单轴运动模式按钮

该模式分为轴 1~3 单轴运动和轴 4~6 单轴运动。

（2）线性运动模式

在控制器选择手动模式的情况下，按下如图 2-2-11 所示的按钮，示教器右下角将显示小直角图标，之后工业机器人进入线性运动模式。该模式可以控制工业机器人按大地坐标系进行直线运动。

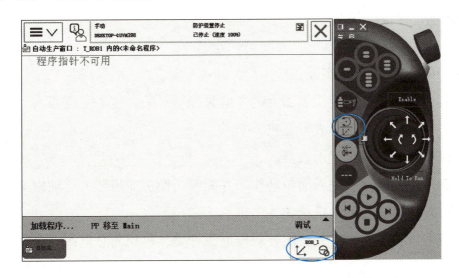

图 2-2-11　工业机器人线性运动模式按钮及示教器显示

（3）重定位运动模式

在控制器选择手动模式的情况下，按下如图 2-2-12 所示的按钮，示教器右下角显示重定位图标，之后进入重定位运动模式。重定位运动即工业机器人选定的工具按工具坐标系进行环绕运动，运动时工业机器人工具 TCP（工具坐标系原点）位置保持不变，姿态发生变化，该运动模式用于对工业机器人姿态的调整。

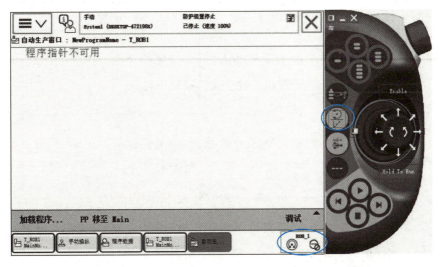

图 2-2-12　工业机器人重定位运动模式按钮及示教器显示

任务实施

按如下步骤进行任务实施：

1）接通总电源，旋转控制器上的主电源控制开关，使工业机器人上电。

2）等待工业机器人示教器开机。

3）按正确的方法拿起示教器。

4）操作工业机器人完成简单动作，并能够切换工业机器人运动模式。

5）打开菜单，找到关机选项并关机。

6）等待示教器关机，先关闭控制器电源开关，再切断总电源。

检测与评价

参考手动操作工业机器人检测与评价表（表 2-2-1），对工业机器人手动操作情况进行评价，并根据理解内容的实际情况进行总结。

表 2-2-1　手动操作工业机器人检测与评价表

评价项目		评价要求	评分标准	分值	得分
任务内容	工业机器人的开关机	掌握工业机器人的开机步骤和关机步骤	结果性评分，正确 25 分，错误不得分	25	
	认识工业机器人的运行模式	能够切换工业机器人运行模式	结果性评分，正确 25 分，错误不得分	25	
	了解工业机器人动作模式	能够切换机器人的运动模式	结果性评分，正确 25 分，错误不得分	25	

续表

评价项目		评价要求	评分标准	分值	得分
安全文明生产	设备	保证设备安全	1. 每损坏设备 1 处扣 1 分 2. 人为损坏设备倒扣 10 分	10	
	人身	保证人身安全	否决项，发生皮肤损伤、触电、电弧灼伤等，本任务不得分	5	
	文明生产	劳动保护用品穿戴整齐 遵守各项安全操作规程 实训结束要清理现场	1. 违反安全文明生产考核要求的任何一项，扣 1 分 2. 当教师发现重大人身事故隐患时，要立即制止，并倒扣 10 分 3. 不穿工作服和绝缘鞋，不得进入实训场地	10	
合计				100	

知识拓展

机器人手术系统

机器人手术系统是集多项科技手段于一体的综合系统，主要用于心脏外科等手术，外科医生可以远离手术台操纵机器人进行手术。

利用机器人做手术时，医生的双手不碰触患者。一旦切口位置被确定，装有照相机和其他外科工具的机械臂将实施切断、止血及缝合等动作，外科医生只需坐在控制台前，观测和指导机械臂工作就行了。该技术使医生在地球的一端对另一端的患者实施手术成为可能。

任务小结

　　本任务学习了工业机器人的开关机操作，以及修改工业机器人的运行模式的方法，并学习了在不同运动模式下对工业机器人进行手动操作。

思考与练习

　　工业机器人重定位运动的作用是什么？

项目三
工业机器人坐标系

项目概述

    本项目主要介绍目标点和路径，以及工业机器人大地坐标系、基坐标系、工具坐标系和工件坐标系的相关知识和操作步骤。

    通过本项目的学习，应掌握工业机器人工具坐标系和工件坐标系的设定及检验方法。

任务一   认识工业机器人坐标系

任务描述

在示教器上切换工业机器人各坐标系。

知识目标

➤ 了解目标点和路径。
➤ 熟悉工业机器人的大地坐标系和基坐标系。
➤ 熟悉工业机器人的工具坐标系和工件坐标系。

技能目标

➤ 会设置目标点和路径。
➤ 会切换工业机器人各坐标系。

知识准备

1. 知晓目标点和路径

对工业机器人的动作进行编程时，需要使用目标点和路径。

1）目标点：目标点是工业机器人要达到的点的坐标。它通常包含以下信息：位置（目标点在工件坐标系中的相对位置）、方向（目标点的方向，以工件坐标系的方向为参照，当工业机器人到达目标点时，它会将 TCP 的方向对准目标点的方向）、配置值（用于指定工业机器人要如何达到目标点）。

2）路径：路径是工业机器人向目标点移动的指令顺序。工业机器人将按路径中定义的目标点顺序移动。

2. 工业机器人大地坐标系和基坐标系

工业机器人是通过坐标系来定位目标点和路径的。工业机器人各坐标系在层级上相互关联，每个坐标系的原点都被定义为其上层坐标系之一中的某个位置。工业机器人的基坐标系和大地坐标系如图 3-1-1 所示。

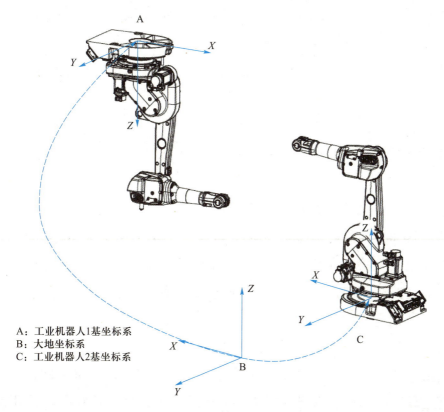

A：工业机器人1基坐标系
B：大地坐标系
C：工业机器人2基坐标系

图 3-1-1　工业机器人的基坐标系和大地坐标系

（1）大地坐标系

大地坐标系用于表示整个工作站或工业机器人单元。这是层级的顶部，工业机器人其他坐标系均与其相关。

大地坐标系在工作单元或工作站中的固定位置有其相应的零点。对于一个工业机器人来说，大地坐标系和基坐标系可以看成是一个坐标系，但对于多个工业机器人组成的系统来说，大地坐标系与基坐标系是两个不同的坐标系，这有助于处理若干个工业机器人或由外轴移动的工业机器人。一般默认大地坐标系与基坐标系是一致的。

（2）基坐标系

现实情况下，工作站中的每个工业机器人都拥有一个始终位于其底部的基础坐标系，即基坐标系。图 3-1-1 所示的 A 即为工业机器人 1 的基坐标系，它以工业机器人的基础安装平面为 XY 平面，原点为工业机器人 1 轴轴线和 XY 平面的交点，X 轴向前，Z 轴与 1 轴轴线重合，Y 轴与 X 轴、Z 轴符合右手定则。

基坐标系在工业机器人基座中有相应的零点，这使固定安装的工业机器人的移动具有可预测性，对于将工业机器人从一个位置移动到另一个位置很有帮助。

3. 工业机器人的工具坐标系

工业机器人的工具坐标系（图 3-1-2）是将工具中心点设为原点，由此定义工具的位置和方向。工具坐标系原点缩写为 TCP（Tool Center Point）。执行程序时，工业机器人将 TCP 移至目标点位置。这意味着，如果要更改工具，工业机器人的移动路径将随之更改，以便新的 TCP 到达目标点。所有工业机器人在腕部都有一个预定义的工具坐标系，该坐标系被称为 tool 0。使用时，可将一个或多个新工具坐标系定义为 tool 0 的偏移值。

创建新工具时，tooldata 工具类型变量将随之创建。该变量名称将成为工具的名称。新工具具有质量、框架、方向等初始默认值，这些值在工具使用前必须进行定义。

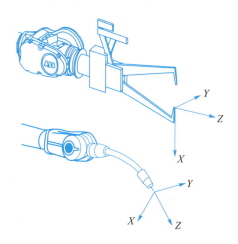

图 3-1-2 工业机器人的工具坐标系

4. 工业机器人的工件坐标系

工业机器人的工件坐标系（图 3-1-3）通常设在实际工件上，用于表示实际工件，是拥有特定附加属性的坐标系。工件坐标系有两个框架：用户框架和对象框架，其中，后者是前者的子框架。对工业机器人进行编程时，所有目标点（位置）都与工作对象的对象框架相关。如果未指定其他工作对象，目标点将与默认的工件坐标系（Wobj0）关联，Wobj0 始终与机器人的基座保持一致。工件坐标系主要用于简化编程。

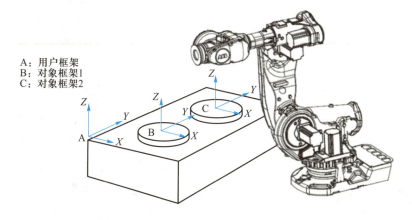

A：用户框架
B：对象框架1
C：对象框架2

图 3-1-3 工业机器人的工件坐标系

工业机器人可以有多个工件坐标系，用于表示不同的工件，或表示同一工件在不同位置的若干副本。

任务实施

在示教器上进行大地坐标系、基坐标系、工具坐标系和工件坐标系的切换。

1）将工业机器人控制器上的模式调到"手动限速模式"（图3-1-4a），打开示教器，状态栏显示"手动"（图3-1-4b）。

(a)

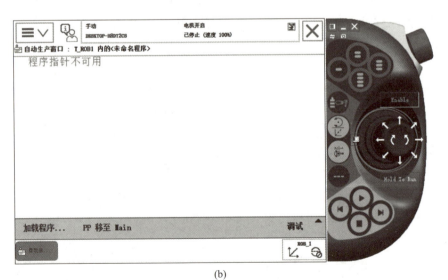

(b)

图 3-1-4   手动限速模式

2）单击示教器左上角的快捷菜单，打开主菜单，如图 3-1-5 所示。

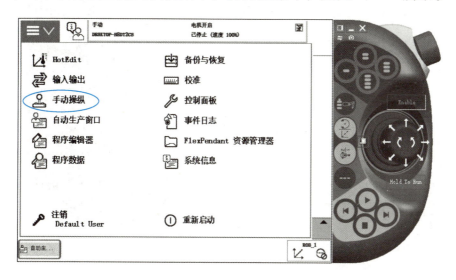

图 3-1-5　主菜单

3）单击"手动操纵"选项，显示手动操纵界面，图 3-1-6 所示为手动操纵界面中的"坐标系"选项。

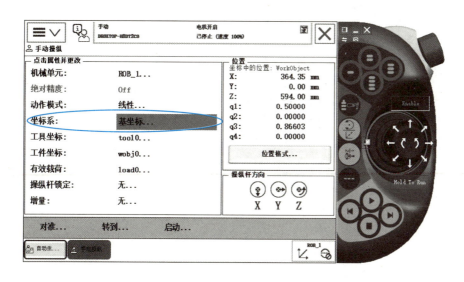

图 3-1-6　手动操纵界面中的"坐标系"选项

4）在坐标系选择界面（图 3-1-7），按需要选择"大地坐标""基坐标""工具""工件坐标"设置当前坐标系。

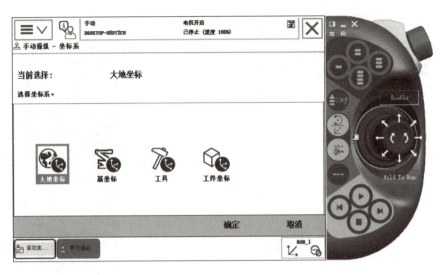

图 3-1-7 坐标系选择界面

检测与评价

参考切换坐标系检测与评价表（表 3-1-1），对各坐标系切换准确度进行评价，并根据完成的实际情况进行总结。

表 3-1-1 切换坐标系检测与评价表

评价项目		评价要求	评分标准	分值	得分
任务内容	选用大地坐标系	符合工作需求，动作规范	结果性评分，正确 19 分，错误不得分	19	
	选用基坐标系	符合工作需求，动作规范	结果性评分，正确 19 分，错误不得分	19	
	选用工具坐标系	符合工作需求，动作规范	结果性评分，正确 19 分，错误不得分	19	
	选用工件坐标系	符合工作需求，动作规范	结果性评分，正确 19 分，错误不得分	19	

续表

评价项目		评价要求	评分标准	分值	得分
安全文明生产	设备	保证设备安全	1. 每损坏设备 1 处扣 1 分 2. 人为损坏设备倒扣 10 分	10	
	人身	保证人身安全	否决项，发生皮肤损伤、触电、电弧灼伤等，本任务不得分	4	
	文明生产	劳动保护用品穿戴整齐 遵守各项安全操作规程 实训结束要清理现场	1. 违反安全文明生产考核要求的任何一项，扣 1 分 2. 当教师发现重大人身事故隐患时，要立即给予制止，并倒扣 10 分 3. 不穿工作服和绝缘鞋，不得进入实训场地	10	
合计				100	

任务小结

　　本任务介绍工业机器人坐标系的相关概念，要重点理解大地坐标系、基坐标系之间的关系，以及工业机器人的工具坐标系、工件坐标系、目标点三者之间的关系。

思考与练习

　　尝试在工业机器人大地坐标系、基坐标系、工具坐标系和工件坐标系间进行切换。

任务二　创建工业机器人工具坐标系

任务描述

用不同的方法设置工具坐标系。

知识目标

➤ 熟悉设置工业机器人工具坐标系的多种方法。

技能目标

➤ 会熟练使用多种方法建立工业机器人的工具坐标系。

知识准备

1. 应用四点法设置工具坐标系

通过工具的四种不同姿态同某定点相碰，计算出多组解，得到工具坐标系的方法称为四点法。五点法、六点法与四点法类同，应用四点法设置工具坐标系不改变 TCP 的坐标方向，即使用 TCP 默认方向。具体设置方法如下。

1）单击示教器菜单栏的"手动操纵"选项，如图 3-2-1 所示。

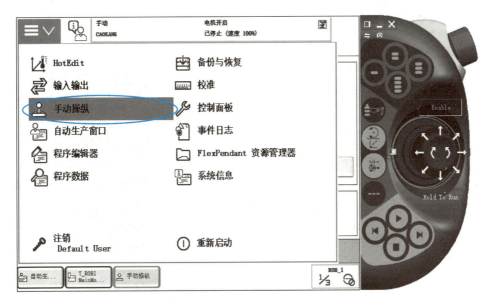

图 3-2-1　"手动操纵"选项

2）单击示教器"工具坐标"选项后的"tool 0"，如图 3-2-2 所示。

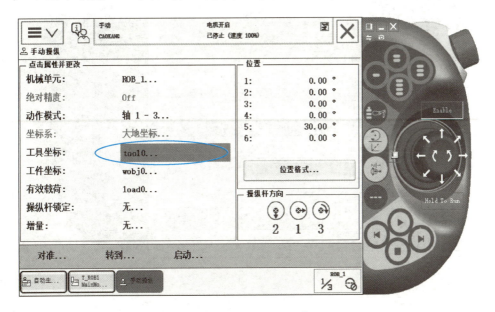

图 3-2-2　"tool 0"

3）在"新数据声明"界面，系统自动生成工具坐标的名称，如图 3-2-3 所示。然后单击"确定"按钮。

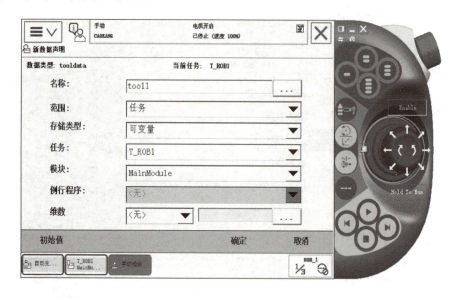

图 3-2-3　"新数据声明"界面

4）单击"编辑"选项中的"定义…"，如图 3-2-4 所示。

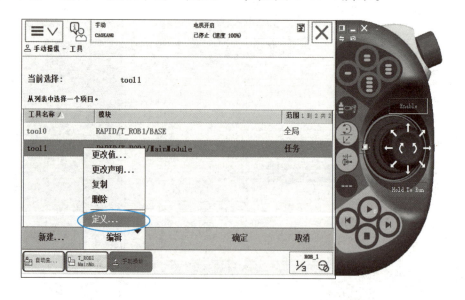

图 3-2-4　"定义…"

5）采用四点法进行工具坐标的定义。图 3-2-5a 所示为工具坐标定义界面，图 3-2-5b 所示为实际工具参考点界面。

(a) 工具坐标定义界面

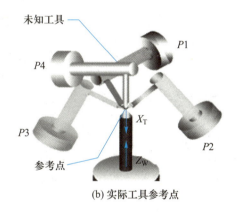

(b) 实际工具参考点

图 3-2-5　四点法定义工具坐标

获取前三个点的姿态位置时，其姿态位置相差越大，最终获取的 TCP 精度越高。

6）单击"编辑"选项中的"更改值…"，如图 3-2-6 所示。

7）根据实际情况设定工具的质量（mass，单位为 kg）和重心位置（cog，此重心是基于 tool 0 的偏移值，单位为 mm），然后单击"确定"按钮，工具坐标更改值界面如图 3-2-7 所示。

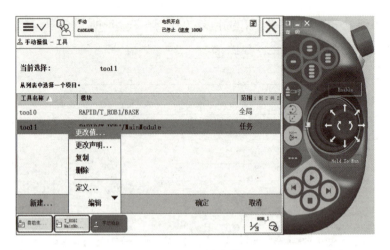

图 3-2-6　"更改值…"

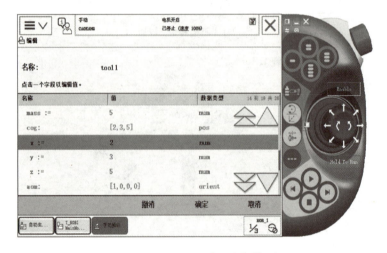

图 3-2-7　工具坐标更改值界面

2. 应用六点法设置工具坐标系

应用六点法设置工具坐标系，前三点为任意点，第四点是用工具的参考点，工具应为垂直姿态，第五点是工具参考点从固定点向将要设定为 TCP 的 X 方向移动所得，第六点是工具参考点从固定点向将要设定为 TCP 的 Z 方向移动所得。

在四点法前 4 步的基础上，后续过程如下。

1）选择工具坐标的定义方法时，选择"TCP 和 Z、X"，工具坐标定义界面如图 3-2-8 所示。

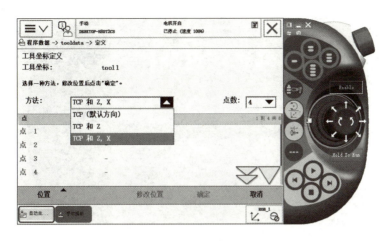

图 3-2-8　工具坐标定义界面

2）选择合适的手动操纵模式，操纵工业机器人 TCP 尽可能靠近固定点（示教），如图 3-2-9 所示，在图 3-2-8 所示界面单击"修改位置"，"点 1"的状态显示为"已修改"，如图 3-2-10 所示。

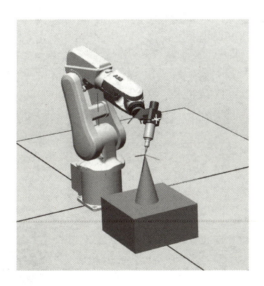

图 3-2-9　示教"点 1"

3）选择合适的手动操纵模式，操纵工业机器人 TCP 以不同的姿态尽可能靠近固定点，如图 3-2-11 所示，单击"修改位置"，"点 2"的状态显示为"已修改"，如图 3-2-12 所示。

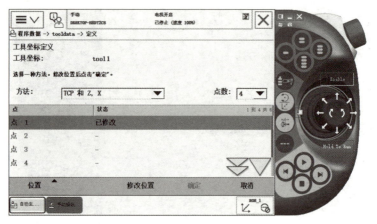

图 3-2-10　"点 1"修改完成

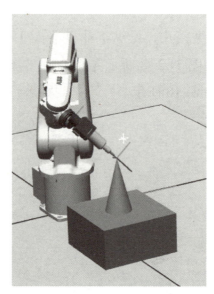

图 3-2-11　示教"点 2"

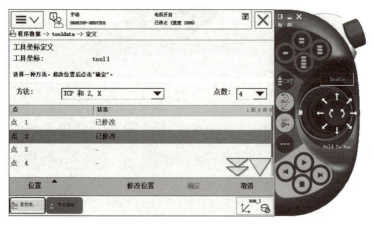

图 3-2-12　"点 2"修改完成

4）选择合适的手动操纵模式，操纵工业机器人 TCP 以不同的姿态尽可能靠近固定点，如图 3-2-13 所示，单击"修改位置"，"点 3"的状态显示为"已修改"，如图 3-2-14 所示。

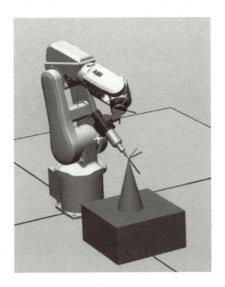

图 3-2-13 示教"点 3"

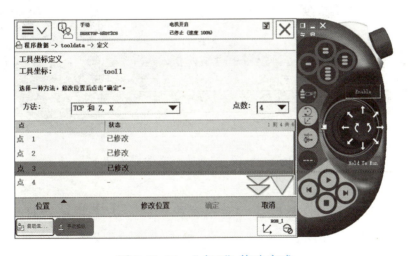

图 3-2-14 "点 3"修改完成

5）选择合适的手动操纵模式，操纵工业机器人 TCP 以垂直姿态尽可能靠近固定点，如图 3-2-15 所示，单击"修改位置"，"点 4"的状态显示为"已修改"，如图 3-2-16 所示。

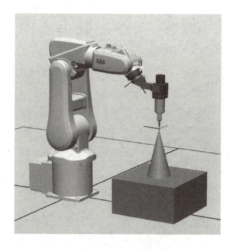

图 3-2-15 示教 "点 4"

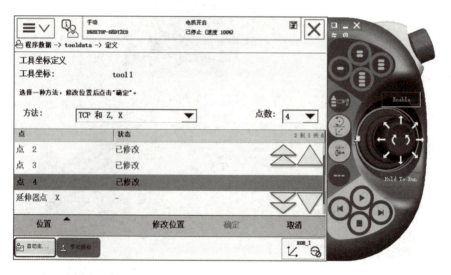

图 3-2-16 "点 4" 修改完成

6）选择合适的手动操纵模式，操纵工业机器人 TCP 以第四种姿态从固定点移动到 TCP+X 方向，如图 3-2-17 所示，单击 "修改位置"，"延伸器点 X" 的状态显示为 "已修改"，如图 3-2-18 所示。

7）选择合适的手动操纵模式，操纵工业机器人 TCP 以第四种姿态从固定点移动到 TCP+Z 方向，如图 3-2-19 所示，单击 "修改位置"，"延伸器点 Z" 的状态显示为 "已修改"，如图 3-2-20 所示。

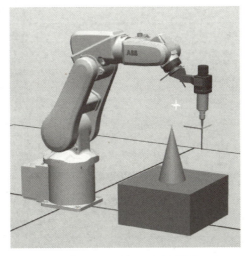

图 3-2-17　示教"延伸器点 X"

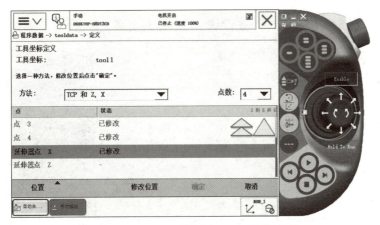

图 3-2-18　"延伸器点 X"修改完成

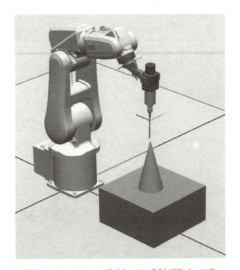

图 3-2-19　示教"延伸器点 Z"

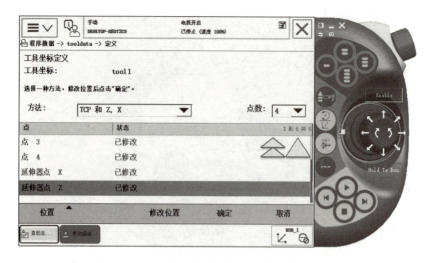

图 3-2-20　"延伸器点 Z"修改完成画面

8）单击"确定"按钮，完成设置，如图 3-2-21 所示。

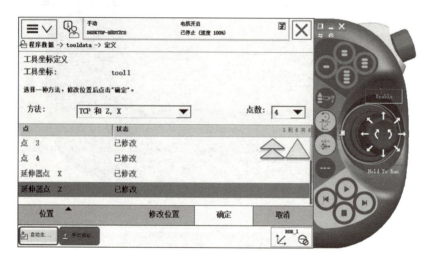

图 3-2-21　完成设置

3. 直接输入数据设置工具坐标系

在四点法前 3 步的基础上，后续设置过程如下。

1）在工具坐标系列表界面，单击"编辑"，在展开的菜单栏中选择"更改值…"，编辑子菜单如图 3-2-22 所示。

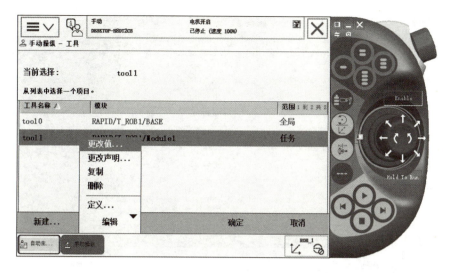

图 3-2-22　编辑子菜单

2）在打开的界面中，设定工具坐标系的工具中心偏移值"x""y""z"，工具中心偏移值界面如图 3-2-23 所示。

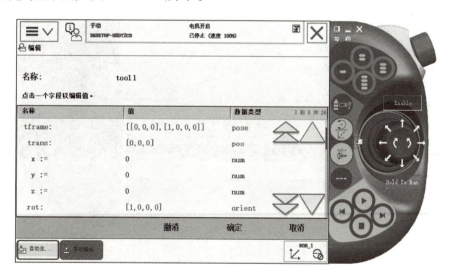

图 3-2-23　工具中心偏移值界面

3）在打开的界面中，设置工具坐标系的工具质量（mass）和重心位置（cog），工具质量和重心位置设置界面如图 3-2-24 所示。

4）单击"确定"按钮，完成设置，如图 3-2-25 所示。

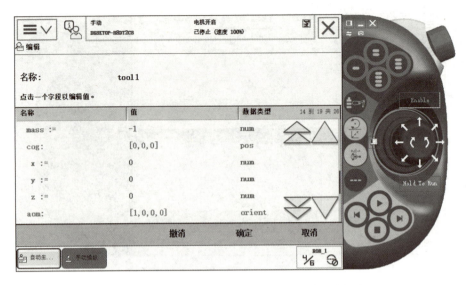

图 3-2-24　工具质量和重心位置设置界面

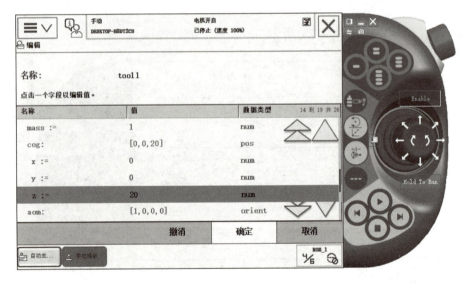

图 3-2-25　完成设置

4. 切换工具坐标系

1）单击示教器菜单栏的"手动操纵"选项，示教器菜单如图 3-2-26 所示。

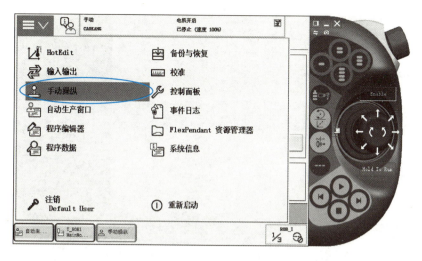

图 3-2-26 示教器菜单

2）单击示教器"工具坐标：tool 0..."。手动操纵界面如图 3-2-27 所示。

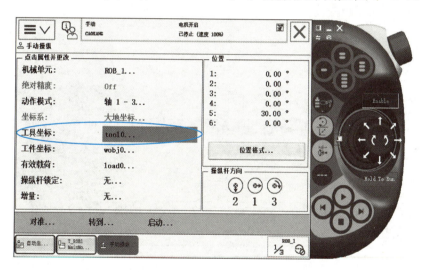

图 3-2-27 手动操纵界面

3）单击切换工具坐标系。工具坐标系列表界面如图 3-2-28 所示。

5. 检验工具坐标系

1）在工具坐标系列表界面中选中"tool 1"，单击"确定"按钮，如图 3-2-29 所示。

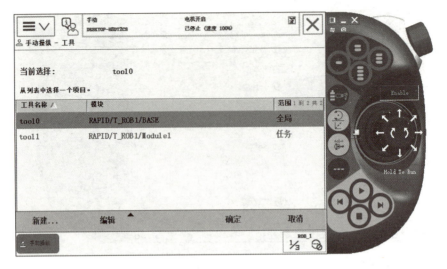

图 3-2-28 工具坐标系列表界面

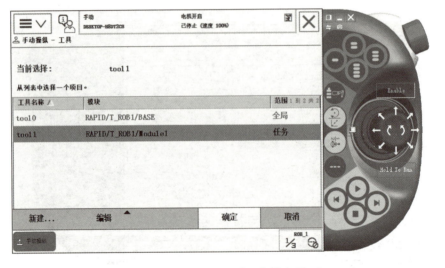

图 3-2-29 工具坐标系列表界面

2）动作模式选定为"重定位"，坐标系选定为"工具…"，手动操纵界面如图 3-2-30 所示。

3）选择合适的手动操纵模式，操纵工业机器人的 TCP 尽可能靠近固定点，然后在重定位模式下手动操纵机器人。如果 TCP 设定精确，可以看到工具参考点与固定点始终保持接触，而工业机器人根据重定位操作改变姿态。

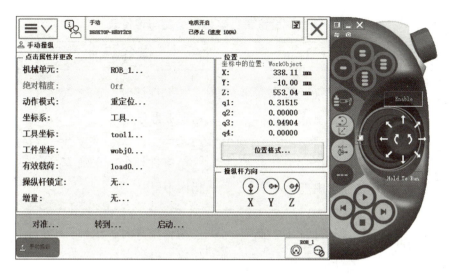

图 3-2-30 手动操纵界面

任务实施

练习用不同的方法设定工具坐标系。

1）用四点法设置工业机器人工具坐标系。

2）用五点法设置工业机器人工具坐标系。

3）用六点法设置工业机器人工具坐标系。

检测与评价

参考设置工具坐标系检测与评价表（表 3-2-1），对工具坐标系设置进行评价，并根据完成的实际情况进行总结。

表 3-2-1　设置工具坐标系检测与评价表

评价项目		评价要求	评分标准	分值	得分
任务内容	四点法	符合工作需求，动作规范	结果性评分，正确 25 分，错误不得分	25	
	五点法	符合工作需求，动作规范	结果性评分，正确 25 分，错误不得分	25	
	六点法	符合工作需求，动作规范	结果性评分，正确 25 分，错误不得分	25	
安全文明生产	设备	保证设备安全	1. 每损坏设备 1 处扣 1 分 2. 人为损坏设备倒扣 10 分	10	
	人身	保证人身安全	否决项，发生皮肤损伤、触电、电弧灼伤等，本任务不得分	5	
	文明生产	劳动保护用品穿戴整齐　遵守各项安全操作规程　实训结束要清理现场	1. 违反安全文明生产考核要求的任何一项，扣 1 分 2. 当教师发现重大人身事故隐患时，要立即给予制止，并倒扣 10 分 3. 不穿工作服和绝缘鞋，不得进入实训场地	10	
合计				100	

知识拓展

工具坐标系参数

工具坐标系参数 tooldata，用于描述安装在工业机器人第 6 轴上的 TCP（工具坐标系原点）、工具质量、工具重心坐标、力矩方向、转动方向等。工具坐标系参数设置过程见表 3-2-2。

表 3-2-2　工具坐标系参数设置过程

序　号	操　作	实　例	单　位
1	输入工具坐标系原点位置的笛卡儿坐标	Tframe. trans. x Tframe. trans. y Tframe. trans. z	mm
2	如果必要，输入工具坐标系定向	Tframe. rot. ql Tframe. rot. q2 Tframe. rot. q3 Tframe. rot. q4	
3	输入工具质量	Tload. mass	kg
4	输入工具重心坐标	Tload. cog. x Tload. cog. y Tload. cog. z	mm
5	输入力矩方向	Tload. aom. q1 Tload. aom. q2 Tload. aom. q3 Tload. aom. q4	无
6	输入转动方向	Tload. ix Tload. iy Tload. iz	

续表

序　　号	操　　作	实　　例	单　位
7	单击"确定"按钮，启用新值，单击"取消"按钮，使用原始值		

任务小结

本任务介绍了创建工业机器人工具坐标系的常用方法，应重点掌握四点法。

思考与练习

1）简述工业机器人目标点和路径的定义。

2）简述工具坐标系的定义及其意义。

任务三　创建工业机器人工件坐标系

任务描述

创建贴合工业机器人工作需求的工件坐标系。

知识目标

➢ 熟悉工业机器人工件坐标系。

技能目标

➢ 会创建工业机器人工件坐标系。

知识准备

1. 应用用户三点法设置工件坐标系

在平面上，只需要定义三个点，就可以建立一个工件坐标系，如图 3-3-1 所示。

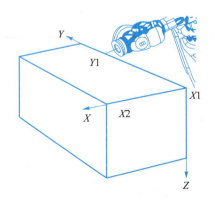

图 3-3-1 工件坐标系

$X1$ 点确定工件坐标的原点，$X1$、$X2$ 点确定工件坐标 X 轴正方向，$Y1$ 确定工件坐标 Y 轴正方向。建立的工件坐标系符合右手定则（图 3-3-2）。

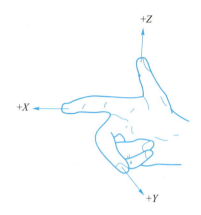

图 3-3-2　右手定则

通过指定三个点建立工件坐标系的方法称为三点法，具体过程如下。

1）单击示教器菜单栏的"手动操纵"选项，示教器菜单界面如图 3-3-3 所示。

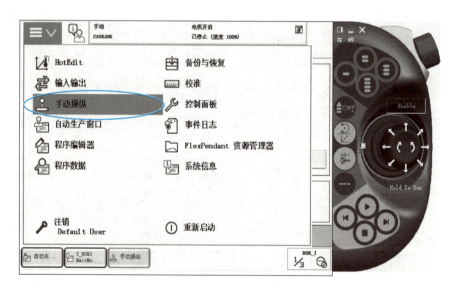

图 3-3-3　示教器菜单界面

2）在"手动操纵"界面单击"工件坐标"，选择"wobj0…"，手动操纵界面如图 3-3-4 所示。

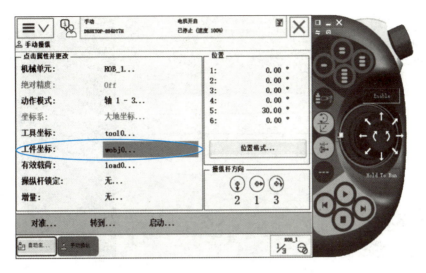

图 3-3-4　手动操纵界面

3）进入工件坐标设置界面，单击"新建…"，工件坐标系设置界面如图 3-3-5
所示。

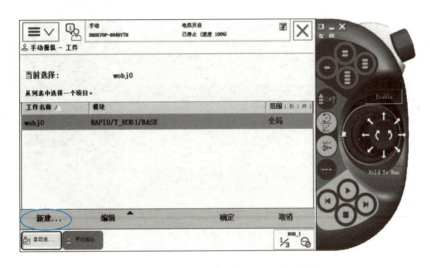

图 3-3-5　工件坐标系设置界面

4）进入工件坐标新建界面，对工件坐标系的数据属性进行设置后，单击
"确定"按钮，新建工件坐标系界面如图 3-3-6 所示。

5）选中需编辑的工件坐标系"wobj1"，单击"编辑"，选中下拉菜单"定义…"，
编辑子菜单如图 3-3-7 所示。

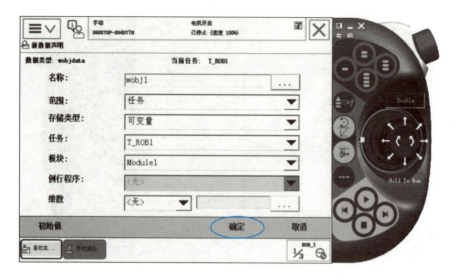

图 3-3-6　新建工件坐标系画面

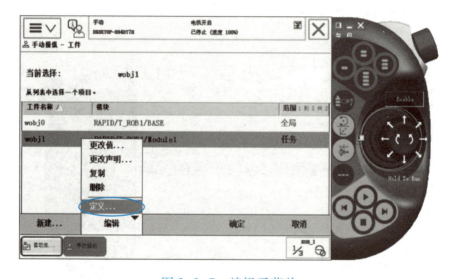

图 3-3-7　编辑子菜单

6）在工件坐标系定义界面中，将"用户方法"选择为"3 点"，进行工件坐标系的定义，工件坐标定义界面如图 3-3-8 所示。

7）手动将工业机器人的工具参考点靠近定义工件坐标系"用户点 X1"，如图 3-3-9 所示，在示教器上单击"修改位置"，将"用户点 X1"记录，修改完成界面如图 3-3-10 所示。

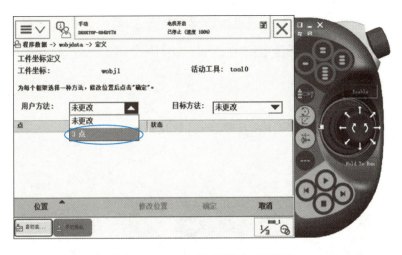

图 3-3-8 工件坐标定义界面

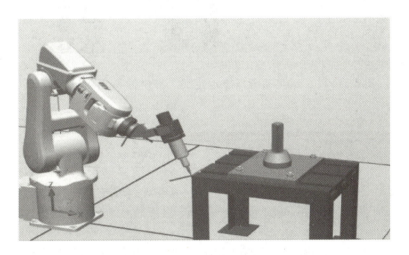

图 3-3-9 工具参考点靠近定义工件坐标系"用户点 X1"

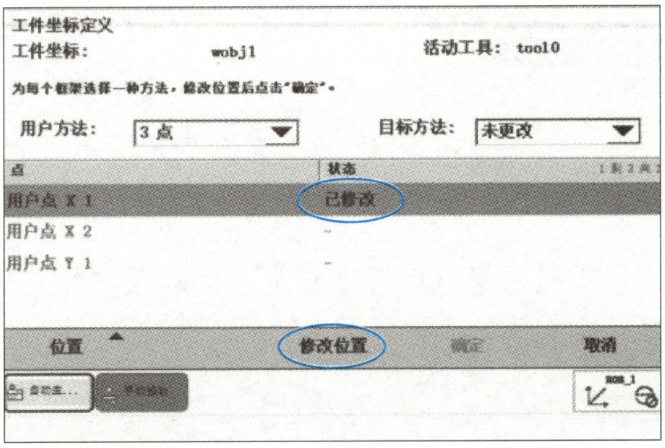

图 3-3-10 修改完成界面

8）手动将机器人的工具参考点靠近定义工件坐标系"用户点 X2"，如图 3-3-11 所示，在示教器上单击"修改位置"，将"用户点 X2"记录，修改完成界面如图 3-3-12 所示。

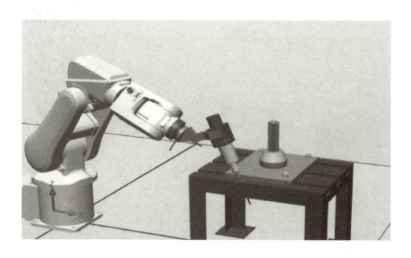

图 3-3-11   工具参考点靠近定义工件坐标系"用户点 X2"

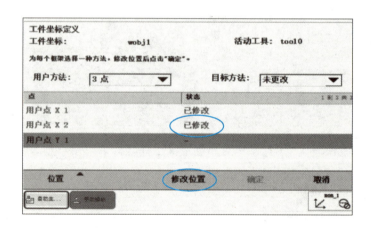

图 3-3-12   修改完成界面

9）手动将机器人的工具参考点靠近定义工件坐标系"用户点 Y1"，如图 3-3-13 所示，在示教器上单击"修改位置"，将 Y1 记录。

10）单击"确定"。

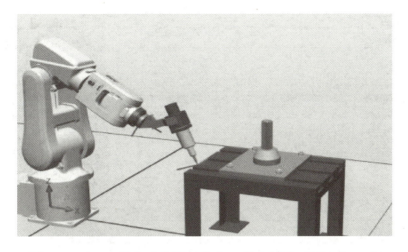

图 3-3-13　工具参考点靠近定义工件坐标系"用户点 Y1"

2. 直接输入数据确定工件坐标系

直接输入数据确定工件坐标系时，起始步骤同三点法前 3 步，后续过程如下。

1）在工件坐标系列表界面单击"编辑"，选择"更改值…"，编辑子菜单如图 3-3-14 所示。

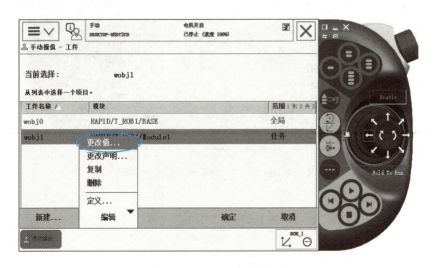

图 3-3-14　编辑子菜单

2）在打开的界面中，设定工件坐标系的"oframe"值和"trans"值，工件坐标系位置数据界面如图 3-3-15 所示。

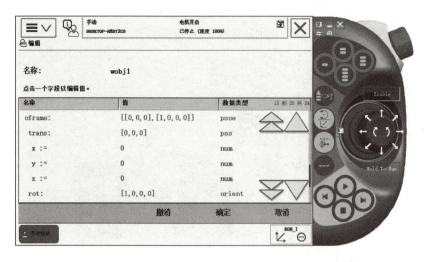

图 3-3-15 工件坐标系位置数据界面

3）设定工件坐标系 oframe 框架的"rot"值，工件坐标系方向数据界面如图 3-3-16 所示。

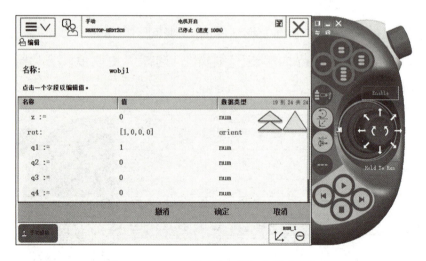

图 3-3-16 工件坐标系方向数据界面

4）单击"确定"按钮，完成设置，"完成"界面如图 3-3-17 所示。

3. 切换工件坐标系

切换工件坐标系的过程如下。

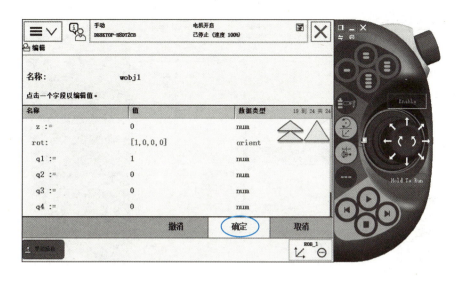

图 3-3-17 "完成"界面

1）单击示教器菜单中的"手动操纵"选项，示教器菜单界面如图 3-3-18 所示。

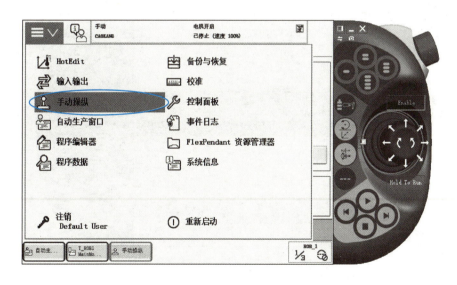

图 3-3-18 示教器菜单界面

2）单击示教器工件坐标 wobj0，手动操纵界面如图 3-3-19 所示。

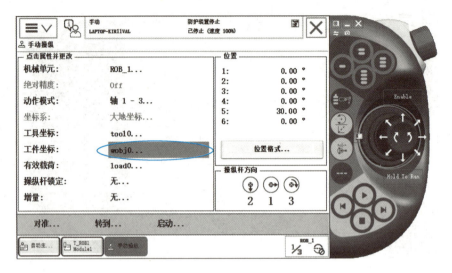

图 3-3-19 手动操纵界面

3）单击切换工件坐标系，单击"确定"按钮，工件坐标系列表界面如图 3-3-20 所示。

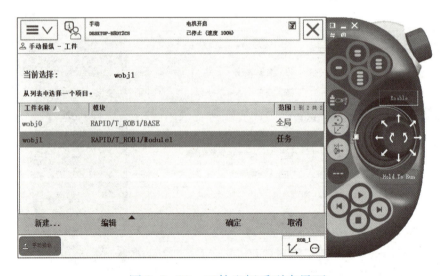

图 3-3-20 工件坐标系列表界面

4. 检验工件坐标系

检验工件坐标系的过程如下。

1）在图 3-3-20 所示的工件坐标系列表界面中选中"wobj1"，单击"确定"按钮。

2）动作模式选定为"线性…"，坐标系选定为"工件坐标"，如图 3-3-21 所示。

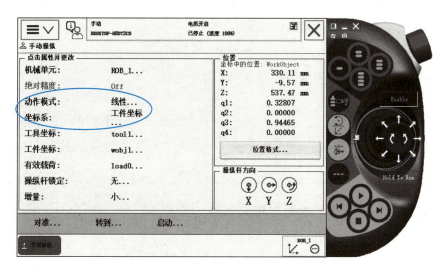

图 3-3-21　手动操纵画面

3）选择手动操纵模式，操纵工业机器人沿 X、Y、Z 方向运动，检查工件坐标系的方向设定是否有偏差，若不符合要求则应重复以上设定的所有步骤。

任务实施

参考知识准备相关内容，建立工业机器人工件坐标系。

检测与评价

参考设置工件坐标系检测与评价表（表 3-3-1），对工件坐标系设置进行评价，并根据完成的实际情况进行总结。

表 3-3-1　设置工件坐标系检测与评价表

评价项目		评价要求	评分标准	分值	得分
任务内容	查看精度	符合工作需求	结果性评分，正确 35 分，错误不得分	35	
	建立步骤	规范	结果性评分，正确 35 分，错误不得分	35	
安全文明生产	设备	保证设备安全	1. 每损坏设备 1 处扣 1 分 2. 人为损坏设备倒扣 10 分	10	
	人身	保证人身安全	否决项，发生皮肤损伤、触电、电弧灼伤等，本任务不得分	10	
	文明生产	劳动保护用品穿戴整齐　遵守各项安全操作规程　实训结束要清理现场	1. 违反安全文明生产考核要求的任何一项，扣 1 分 2. 当教师发现重大人身事故隐患时，要立即制止，并倒扣 10 分 3. 不穿工作服和绝缘鞋，不得进入实训场地	10	
合计				100	

任务小结

本任务介绍了创建工业机器人工件坐标系的常用方法，应重点掌握三点法。

思考与练习

简述工件坐标系的创建方法及作用。

项目四
工业机器人 I/O 通信

项目概述

  本项目将介绍工业机器人常用标准 I/O 板端子功能及其配置。

  通过本项目的学习，应能够了解工业机器人 I/O 通信的种类，熟练配置工业机器人标准 I/O 板的 I/O 信号，并能对可编程按键进行操作。

任务一　认识工业机器人 I/O 通信

任务描述

查看 I/O 板型号及总线地址，并说明其采用何种现场总线方式。

知识目标

➢ 了解工业机器人 I/O 通信的种类。
➢ 熟悉常用标准 I/O 板的主要构成及作用。
➢ 熟悉 DSQC651 及 DSQC652 的端子接口及地址分配。

技能目标

➢ 会查看实训设备所用的 I/O 板型号，并说出设备上的 I/O 板采用的通信方式及总线地址。

知识准备

1. 工业机器人 I/O 通信的种类

工业机器人要与周边设备进行互动，协同工作，就需要通过 I/O（输入/输出）通信接口同周边设备进行通信。工业机器人提供了丰富的 I/O 通信接口，可以轻松地实现与周边设备的通信，如 ABB 的标准通信，与 PLC 的现场总线通信，还有与 PC 机的数据通信。表 4-1-1 所列为 ABB 工业机器人常见的通信种类。

表 4-1-1　ABB 工业机器人常见的通信种类

ABB 标准	标准 I/O 板	DSQC651、DSQC652、DSQC653、DSQC355A、DSQC377A 等
	ABB PLC	选用 ABB 标准的 PLC，工业机器人与 PLC 无需进行通信设置
现场总线通信	Ethernet/IP	Ethernet/IP 是工业以太网通信协定，可应用在程序控制及其他自动化的应用中，是通用工业协定（CIP）中的一部分，它定义了一个开放的工业标准，将传统的以太网与工业协议相结合
	Profinet	Profinet 是新一代基于工业以太网技术的自动化总线标准
	PROFIBUS	PROFIBUS 是一个用在自动化技术领域的现场总线标准，是程序总线网络（Process Fieldbus）的简称
	PROFIBUS-DP	PROFIBUS-DP 的 DP 即 Decentralized Periphery，它具有高速低成本的优点，用于设备级控制系统与分散式 I/O 通信。它与 PROFIBUS-PA（Process Automation）、PROFIBUS-FMS（Fieldbus Message Specification）共同组成 PROFIBUS 标准
	DeviceNet	DeviceNet 是一种用在自动化技术领域的现场总线标准，使用控制器局域网络（CAN）为其底层的通信协定，其应用层有针对不同设备定义的行规（profile），主要的应用包括资讯交换、安全设备及大型控制系统

续表

数据通信	RS-232	串行通信接口，其全称是数据终端设备（DTE）和数据通信设备（DCE）之间串行二进制数据交换接口技术标准
	OPC erver	利用 COM/DCOM 技术达成工业自动化资料取得的架构
	Socket	Socket 函数用于根据指定的地址族、数据类型和协议来分配一个套接口的描述字及其所用的资源。如果协议 protocol 未指定（等于 0），则使用缺省的连接方式。使用给定地址族的某一特定套接口，只支持一种协议

　　ABB 的标准 I/O 板提供的常用信号处理有数字输入 DI、数字输出 DO、模拟输入 AI、模拟输出 AO，以及输送链跟踪。

　　ABB 工业机器人可以选配 ABB 标准的 PLC，省去了机器人与外部 PLC 进行通信设置的麻烦，并且在工业机器人示教器上就能实现与 PLC 相关的操作。

2. 认识工业机器人常用标准 I/O 板

　　工业机器人通常需要接收其他设备或传感器的信号才能完成指派的生产任务。例如，要将传送带上的某个货物搬运到另一个位置，首先就要确定传送带上货物是否到达了指定的位置，这就需要一个位置传感器（到位开关）。当货物到达指定位置后，传感器给工业机器人发送一个信号，工业机器人接到这个信号后，就执行相应的操作，如按照预定的轨迹开始搬运货物。

　　对工业机器人而言，到位开关的这种信号属于数字量的输入信号。在 ABB 工业机器人中，这种信号的接收是通过标准 I/O 板来完成的。标准 I/O 板也称为信号的输入/输出板，安装在工业机器人的控制器中。常用 ABB 工业机器人标准 I/O 板包括 DSQC651、DSQC652、DSQC653 等，见表 4-1-2。本任务主要认识 ABB 工业机器人的标准 I/O 板 DSQC651 和 DSQC652。

表 4-1-2　常用 ABB 工业机器人标准 I/O 板

序　号	型　号	说　明
1	DSQC651	分布式 I/O 板　di8/do8　ao2
2	DSQC652	分布式 I/O 板　di16/do16
3	DSQC653	分布式 I/O 板　di8/do8 带继电器
4	DSQC355A	分布式 I/O 板　ai4/ao4
5	DSQC377A	输送链跟踪单元

（1）标准 I/O 板 DSQC651

DSQC651 是一款 8 点数字量输入、8 点数字量输出及 2 个模拟量输出的 I/O 板，如图 4-1-1 所示。

图 4-1-1　DSQC651

图 4-1-1 所示的 X1 端子是数字量输出端子，X3 端子是数字量输入端子，X5 端子用来连接 DeviceNet 总线，并设置 I/O 板在总线上的地址，X6 端子是模拟输出信号端子。X1、X3 端子的定义及地址分配见表 4-1-3；X6 端子的定义及地址分配见表 4-1-4；X5 端子的定义见表 4-1-5。

表 4-1-3　X1、X3 端子的定义及地址分配

端 子 名 称	端 子 编 号	功　　能	名　　称	分 配 地 址
X1（数字输出接口）	1	OUTPUT	CH1	32
	2	OUTPUT	CH2	33
	3	OUTPUT	CH3	34
	4	OUTPUT	CH4	35
	5	OUTPUT	CH5	36
	6	OUTPUT	CH6	37
	7	OUTPUT	CH7	38
	8	OUTPUT	CH8	39
	9	GND	0 V	/
	10	VSS	24V+	/
X3（数字输入接口）	1	INPUT	CH1	0
	2	INPUT	CH2	1
	3	INPUT	CH3	2
	4	INPUT	CH4	3
	5	INPUT	CH5	4
	6	INPUT	CH6	5
	7	INPUT	CH7	6
	8	INPUT	CH8	7
	9	GND	0 V	/
	10	NC	/	/

　　在 X1 端子的上方，有 8 个 LED 指示灯，代表 8 个通道。当某一通道有信号输出时，该通道的 LED 指示灯会点亮。同样，在 X3 端子的下方，也有 8 个 LED 指示灯，用来指示相应通道的状态，当某一通道有信号输入时，该通道的 LED 指示灯会点亮。

表 4-1-4　X6 端子的定义及地址分配

端 子 名 称	端 子 编 号	使 用 定 义	分 配 地 址
X6（模拟输出信号接口）	1	/	/
	2	/	/
	3	/	/
	4	/	/
	5	模拟输出 ao1	0-15
	6	模拟输出 ao2	16-31

表 4-1-5　X5 端子的定义

端 子 名 称	端 子 编 号	使 用 定 义
X5（DeviceNet 接口）	1	0 V
	2	CAN 信号线 low
	3	屏蔽线
	4	CAN 信号线 high
	5	24V+
	6	GND 地址选择公共端
	7	模块 ID bit0（LSB）
	8	模块 ID bit1（LSB）
	9	模块 ID bit2（LSB）
	10	模块 ID bit3（LSB）
	11	模块 ID bit4（LSB）
	12	模块 ID bit5（LSB）

　　ABB 标准 I/O 板是挂在 DeviceNet 网络上的，所以 X5 端子是 DeviceNet 总线接口，其上的编号 6~12 端子的跳线用来决定模块（标准 I/O 板）在总线中的地址，地址可用范围为 10~63。如果将第 8 脚和第 10 脚的跳线剪去，就可以获得 10(2+8=10) 的地址。X5 端子跳线设置如图 4-1-2 所示。

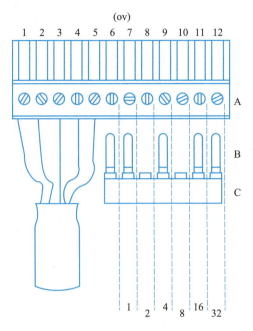

图 4-1-2   X5 端子跳线设置

（2）标准 I/O 板 DSQC652

DSQC652 是一款 16 点数字量输入、16 点数字量输出的 I/O 板，如图 4-1-3 所示。

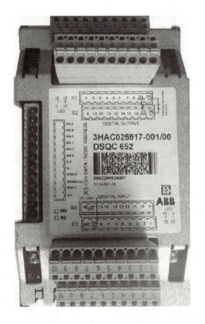

图 4-1-3   DSQC652

图中的 X1 端子和 X2 端子是数字量输出端子，X3 端子和 X4 端子是数字量输入端子。X1~X4 端子的功能及地址分配见表 4-1-6。

表 4-1-6　X1~X4 端子的功能及地址分配

端 子 名 称	端 子 编 号	功　　能	名　　　称	分 配 地 址
X1 端子	1	OUTPUT	CH1	0
	2	OUTPUT	CH2	1
	3	OUTPUT	CH3	2
	4	OUTPUT	CH4	3
	5	OUTPUT	CH5	4
	6	OUTPUT	CH6	5
	7	OUTPUT	CH7	6
	8	OUTPUT	CH8	7
	9	GND	0 V	/
	10	VSS	24V+	/
X2 端子	1	OUTPUT	CH9	8
	2	OUTPUT	CH10	9
	3	OUTPUT	CH11	10
	4	OUTPUT	CH12	11
	5	OUTPUT	CH13	12
	6	OUTPUT	CH14	13
	7	OUTPUT	CH15	14
	8	OUTPUT	CH16	15
	9	GND	0	/
	10	VSS	24V+	/
X3 端子	1	INPUT	CH1	0
	2	INPUT	CH2	1
	3	INPUT	CH3	2

续表

端子名称	端子编号	功　能	名　称	分配地址
X3 端子	4	INPUT	CH4	3
	5	INPUT	CH5	4
	6	INPUT	CH6	5
	7	INPUT	CH7	6
	8	INPUT	CH8	7
	9	GND	0 V	/
	10	NC	/	/
X4 端子	1	INPUT	CH9	8
	2	INPUT	CH10	9
	3	INPUT	CH11	10
	4	INPUT	CH12	11
	5	INPUT	CH13	12
	6	INPUT	CH14	13
	7	INPUT	CH15	14
	8	INPUT	CH16	15
	9	GND	0 V	/
	10	NC	/	/

在 X1 端子和 X2 端子的上方，有两排 LED 指示灯，每排 8 个，代表 8 个通道。当某一通道有信号输出时，该通道的 LED 指示灯会点亮。同样，在 X3 端子和 X4 端子的下方，也有两排 LED 指示灯，用来指示相应通道的状态，当某一通道有信号输入时，该通道的 LED 指示灯会点亮。

左边的 X5 端子用来连接 DeviceNet 总线，并设置 I/O 板在总线上的地址，端子功能与 DSQC651 板端子功能一样。

任务实施

　　按表 4-1-7 的步骤查看实训设备的 I/O 通信。在任务实施前务必对设备进行断电操作，保证设备及人身安全。

表 4-1-7　查看实训设备的 I/O 通信

步骤序号	任务名称	实施要点	备　注
1	安全检查	断电	
2	查看 I/O 板型号	在设备上找到 I/O 板，根据实物确定 I/O 板的型号	
3	查看 I/O 板 X5 端子的跳线设置	根据 X5 端子剪去的跳线情况，计算出 I/O 板的总线地址	
4	计算 I/O 板总线地址		
5	确定 I/O 板采用的现场总线方式	DeviceNet 总线	

检测与评价

　　参考查看实训设备的 I/O 通信检测与评价表（表 4-1-8），对 I/O 通信查看情况进行评价，并根据完成的实际情况进行总结。

表 4-1-8   查看实训设备的 I/O 通信检测与评价表

评价项目		评价要求	评分标准	分值	得分
任务内容	查看 I/O 板型号	能正确识别 I/O 板型号	结果性评分，正确 25 分，错误不得分	25	
	查看 I/O 板总线地址	能正确识别 I/O 板总线地址	结果性评分，正确 25 分，错误不得分	25	
	查看 I/O 板现场总线方式	能正确识别 I/O 板现场总线方式	结果性评分，正确 25 分，错误不得分	25	
安全文明生产	设备	保证设备安全	1. 每损坏设备 1 处扣 1 分 2. 人为损坏设备倒扣 10 分	10	
	人身	保证人身安全	否决项，发生皮肤损伤、触电、电弧灼伤等，本任务不得分	5	
	文明生产	劳动保护用品穿戴整齐 遵守各项安全操作规程 实训结束要清理现场	1. 违反安全文明生产考核要求的任何一项，扣 1 分 2. 当教师发现重大人身事故隐患时，要立即给予制止，并倒扣 10 分 3. 不穿工作服和绝缘鞋，不得进入实训场地	10	
合计				100	

知识拓展

现场总线技术

现场总线（Field bus）是一种工业数据总线，它主要解决工业现场的智能化仪器仪表、控制器、执行机构等现场设备间的数字通信以及这些现场控制设备和高级控制系统之间的信息传递问题。现场总线有简单、可靠、经济实用等一系列突出的优点，对工业的发展起着非常重要的作用。现场总线主要应用于石油、化工、电力、医药、冶金、加工制造、交通运输、国防、航天、农业和建筑等领域。

现场总线是自动化领域中的底层数据通信网络。现场总线以数字通信替代了传统普通开关量信号及 4~20 mA 模拟信号的传输，是连接智能现场设备和自动化系统的全数字、双向、多站的通信系统。

1. FL-net

FL-net（OPCN-2）是以 FA 链接协议为特征的网络总称。FA 链接协议旨在使 FL-net 用于生产系统中不同控制模块和计算机之间相互连接，实现控制和监视功能。

2. PROFIBUS

PROFIBUS 是一个用在自动化技术的现场总线标准。

目前的 PROFIBUS 可分为两种，分别是用在工厂自动化应用中的 PROFIBUS-DP 和用在过程控制的 PROFIBUS-PA。

3. EtherNet/IP

EtherNet/IP 采用和 DevieNet 以及 ControlNet 相同的应用层协 CIP (Control and Information Protocol)，因此，它们使用相同的对象库和一致的行业规范，具有较好的一致性。EtherNet/IP 采用标准的 EtherNet 和 TCP/IP 协议来传送 CIP 通信包，这样，通用且开放的应用层协议 CIP 加上已经被广泛使用的 EtherNet 和 TCP/IP 协议，就构成 EtherNet/IP 协议的体系结构。

4. Modbus TCP

Modbus TCP 是运行在 TCP/IP 协议上的 Modbus 报文传输协议，通过此协议，控制器相互之间或同其他设备间通过网络（如以太网）可以通信。Modbus TCP 结合了以太网物理网络和网络标准 TCP/IP 以及以 Modbus 作为应用协议标准的数据表示方法。Modbus TCP 通信报文被封装于以太网 TCP/IP 数据包中。Modbus TCP 是开放协议，IANA（互联网编号分配管理机构）给 Modbus 协议赋予 TCP 端口号为 502，这是目前在仪表与自动化行业中唯一分配到的端口号。

任务小结

本任务要求会查看实训设备所用的 I/O 板型号，并说出设备上的 I/O 板采用的通信方式及总线地址。完成任务的同时，应重点掌握工业机器人 I/O 通信的种类，熟悉常用标准 I/O 板的主要构成及作用，熟悉 DSQC651 及 DSQC652 的端子及地址分配。

思考与练习

DSQC651 或 DSQC652 的总线地址是固定的吗？为什么？

任务二　配置工业机器人 I/O 通信

任务描述

配置工业机器人 I/O 通信的相关信号。

知识目标

➢ 熟悉系统输入、输出信号与数字 I/O 信号关联的作用。

技能目标

➢ 会配置 I/O 通信，能完成输入信号 DI、输出信号 DO、组输入信号 GI、组输出信号 GO 的定义。
➢ 会操作 I/O 通信，能完成系统输入、输出信号与 I/O 信号的关联及示教器可编程按键的设置。

1. 配置 I/O 通信

DSQC652 提供 16 个数字输入信号和 16 个数字输出信号，主要用于与第三方设备的I/O 控制，如 PLC、传感器。

单击示教器 $\boxed{\equiv\vee}$ 图标，显示如图 4-2-1 所示的主菜单界面。

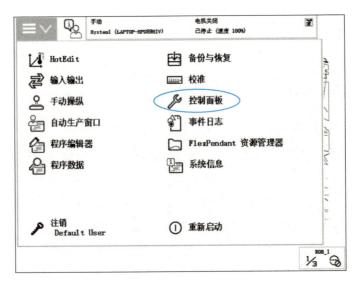

图 4-2-1 主菜单界面

单击"控制面板"，单击"配置"，双击"DeviceNet Device"，单击"添加"，单击"默认"下拉菜单，可选择"DSQC 652 24 VDC I/O Device"，如图 4-2-2 所示。

单击翻页图标，双击"Address"，将"Address"的值更改为"10"（根据 I/O 板 X5 跳线设置确定），如图 4-2-3 所示。

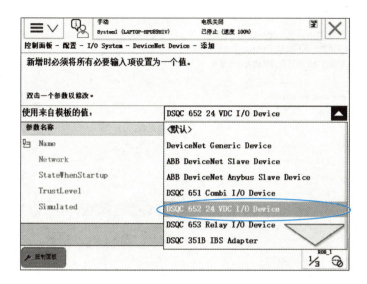

图 4-2-2　选择"DSQC 652 24 VDC I/O Device"

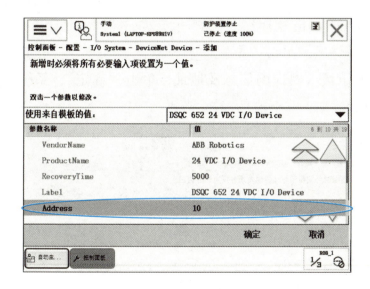

图 4-2-3　"Address"的值更改为"10"

操作完成之后，如果使用默认名"d652"，单击"确定"重启控制器就可以了。

（1）定义数字输入信号 DI

单击"控制面板"，单击"配置"后，双击"Signal"，单击"添加"，将内容按图 4-2-4 所示填入对应的信号及地址，单击"确定"，系统提示是否重启，单击"否"，继续添加下一个信号。

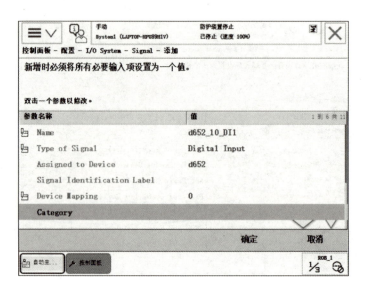

图 4-2-4　定义输入信号内容

（2）定义数字输出信号 DO

单击"控制面板"，单击"配置"后，双击"Signal"，单击"添加"，将内容按图 4-2-5 所示填入对应的信号及地址，单击"确定"，系统提示是否重启，单击"否"，继续添加下一个信号。

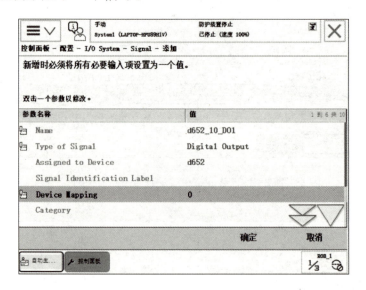

图 4-2-5　定义输出信号内容

（3）定义数字组输入信号 GI

单击"控制面板"，单击"配置"后，双击"Signal"，单击"添加"，将内容按图 4-2-6 所示填入，单击"确定"，系统提示是否重启，选择"否"，继续添加下一个信号。

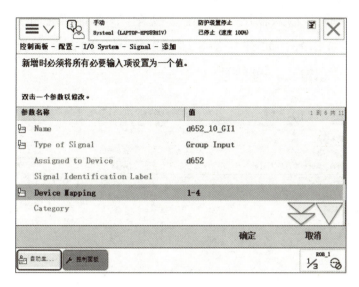

图 4-2-6　定义组输入信号内容

（4）定义数字组输出信号 GO

单击"控制面板"，单击"配置"后，双击"Signal"，单击"添加"，将内容按图 4-2-7 所示填入，单击"确定"，系统提示是否重启，选择"是"。

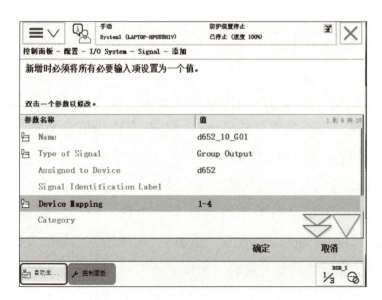

图 4-2-7　定义组输出信号内容

（5）监控 I/O 信号

I/O 信号定义之后，就可以通过"输入输出"菜单项查看建立的 I/O 是否有效。单击菜单，选择"输入输出"，单击"视图"，选择"全部信号"，可以看到系统定义的全部I/O 信号，如图 4-2-8 所示。也可分别查看"数字输入""数字输出""组输入""组输出"等信号。

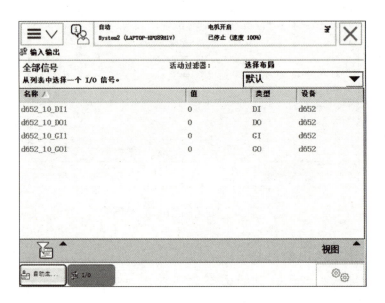

图 4-2-8　全部 I/O 信号

2. 设置 I/O 信号

将数字输入信号与系统的控制信号关联起来，就可以对系统进行控制，如程序控制、快速停止。系统的状态信号也可以与数字输出信号关联起来，将系统的状态输出给外围设备，作控制之用。

（1）系统输入输出信号与 I/O 信号的关联

1）定义系统输入信号与数字输入信号的关联。在"控制面板"界面单击"配置"，单击"System input"，单击"添加"，选择输入信号以及该信号触发后所需要执行的任务，系统提示是否重启，选择"否"。如图 4-2-9 所示，当 d652_10_DI1 有信号时，系统执行快速停止，可根据控制需要选择"Action"里设置的系统变量。

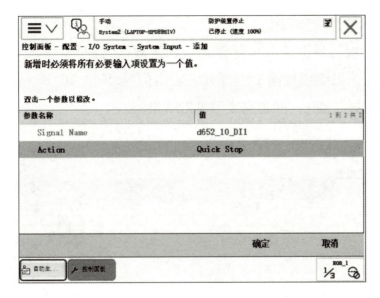

图 4-2-9　输入信号的关联

2）定义系统输出信号与数字输出信号的关联。在"控制面板"界面单击"配置"，单击"System Output"，单击"添加"，选择输出变量控制系统变量，系统提示是否重启，选择"否"。如图 4-2-10 所示，当 d652_10_DO1 有信号时，代表电动机已经启动，根据需要选择"Status"里设置的系统状态。

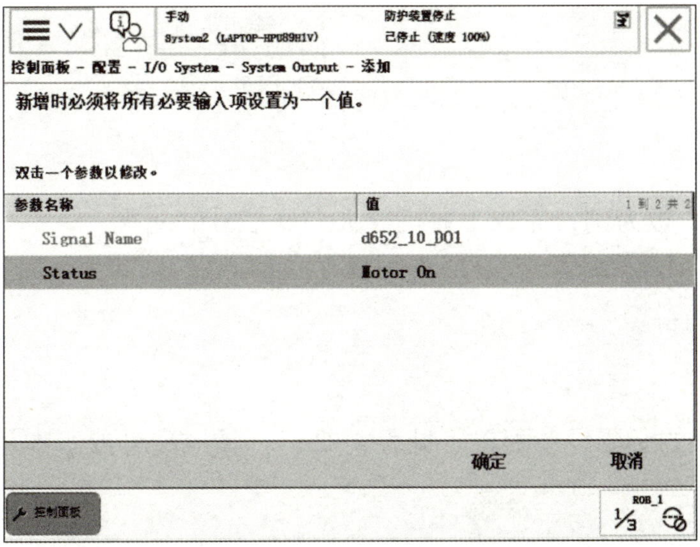

图 4-2-10　输出信号的关联

（2）设置示教器可编程按键

在"控制面板"界面单击"配置可编程按键"，选择常用的 DO 信号，如气爪、吸盘信号。为可编程按键 1 配置数字输出信号 d652_10_D01（图 4-2-11），允许自动模式选择"否"，配置完成后单击"确定"。

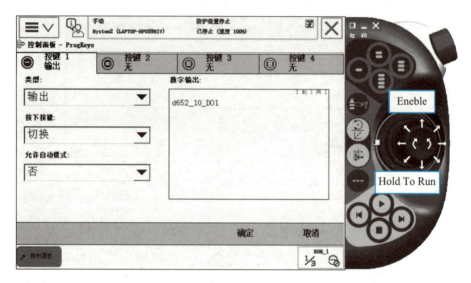

图 4-2-11　设置示教器可编程按键

任务实施

以 DSQC652 板为例，完成工业机器人 I/O 信号的配置。

1. 任务设备配置

完成本任务的必要设备配置，见表 4-2-1，具体型号或版本号可根据实训室配置调整。

表 4-2-1　本任务的必要设备配置

序　号	名　称	型号或版本号	备　注
1	机器人本体	IRB 120	
2	控制器	IRC5 Compact	
3	示教器	DSQC 679	
4	I/O 板	DSQC652	IRC5 Compact 控制器的标准配置
5	RobotStudio 软件	6.03	可选

2. 配置 DSQC652 板的 I/O 信号

依据所学内容并结合设备实际，完成 I/O 板的信号配置。

3. 操作 DSQC652 板的 I/O 信号

依据所学内容并结合设备实际，完成 I/O 板的信号关联及可编程按键的设置。

检测与评价

参考工业机器人 I/O 信号检测与评价表（表 4-2-2），对工业机器人 I/O 信号的配置进行评价，并根据完成的实际情况进行总结。

表 4-2-2   工业机器人 I/O 信号检测与评价表

评 价 项 目		评 价 要 求	评 分 标 准	分值	得分
配置 DSQC652 板的 I/O 信号	定义数字输入信号 DI	能正确配置数字输入信号 DI	结果性评分，正确 14 分，错误不得分	14	
	定义数字输出信号 DO	能正确配置数字输出信号 DO	结果性评分，正确 14 分，错误不得分	14	
	定义数字组输入信号 GI	能正确配置数字组输入信号 GI	结果性评分，正确 10 分，错误不得分	10	
	定义数字组输出信号 GO	能正确配置数字组输出信号 GO	结果性评分，正确 10 分，错误不得分	10	
	监控 I/O 信号	能正确监控 I/O 信号	结果性评分，正确 10 分，错误不得分	10	
设置 DSQC652 板的 I/O 信号	系统输入输出信号与 I/O 信号的关联	能正确定义系统输入信号与数字输入信号的关联	结果性评分，正确 10 分，错误不得分	10	
		能正确定义系统输出信号与数字输出信号的关联	结果性评分，正确 10 分，错误不得分	10	
	示教器可编程按键设置	能正确设置示教器可编程按键	结果性评分，正确 30 分，错误不得分	10	
安全文明生产	设备	保证设备安全	1. 每损坏设备 1 处扣 1 分 2. 人为损坏设备倒扣 10 分	5	
	人身	保证人身安全	否决项，发生皮肤损伤、触电、电弧灼伤等，本任务不得分	2	

续表

评 价 项 目		评 价 要 求	评 分 标 准	分值	得分
安全文明生产	文明生产	劳动保护用品穿戴整齐 遵守各项安全操作规程 实训结束要清理现场	1. 违反安全文明生产考核要求的任何一项，扣 1 分 2. 当教师发现重大人身事故隐患时，要立即给予制止，并倒扣 10 分 3. 不穿工作服和绝缘鞋，不得进入实训场地	5	
合计				100	

知识拓展

设置工业机器人与 PLC 的网络通信

由于现场总线简单、可靠、经济实用等一系列突出的优点，许多标准团体和计算机厂商推出了各自的现场总线网络通信协议。现场总线的网络通信协议各有千秋，但都面临兼容性问题，任何一个现场总线和其他现场总线都不易于互联和互换。随着用户对统一的通信协议和网络的要求日益迫切，工业以太网便应运而生。工业以太网符合网络控制特点——数字式互联网络、互操作性、开放性和高性能，具有大量的软、硬件资源和开发设计经验；在以太网上层应用的 TCP/IP 协议也较成熟，许多现场总线已经向上支持工业以太网。ABB 工业机器人与 s7-200smart 型号 PLC 的网络通信设置过程如下。

1）将有通信程序的 PLC 与工业机器人控制器上的网口连接，PLC 网口连接工业机器人网口（LAN3）如图 4-2-12 所示。

2）用网线将 PLC 与工业机器人控制器网口（LAN3）连接后，需要在工业机器人示教器上添加一个工业机器人的网络通信 IP 地址。打开示教器菜单，如图 4-2-13 所示。

(a) PLC 网线连接处   (b) 工业机器人控制器网口 (LAN3)

图 4-2-12 PLC 网口连接工业机器人网口

图 4-2-13 示教器菜单

在示教器上单击"控制面板",进入如图 4-2-14 所示的"控制面板"界面。

单击"配置",进入"I/O System"界面,单击"主题",如图 4-2-15所示。

单击"Communication"进入如图 4-2-16 所示的"Communication"界面。

图 4-2-14　"控制面板"界面

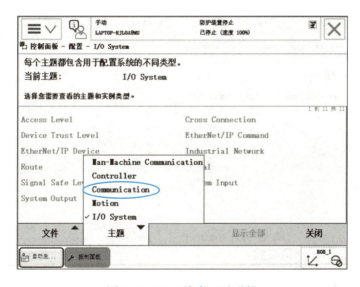

图 4-2-15　单击"主题"

单击"IP Setting"，进入如图 4-2-17 所示的 IP 添加界面。

单击"添加"，设置工业机器人的 IP 地址（工业机器人的 IP 地址不能与 PLC 的 IP 地址相同），此处设置为"192.168.2.2"；在"Interface"（网口）中选择控制器上与 PLC 连接的网口，即 LAN3；"label"（标签）选项用于备注设备名，可自定义，此处设置为"IProbot"。参数设置如图 4-2-18 所示。

图 4-2-16　"Communication" 界面

图 4-2-17　IP 添加界面

单击"确定"后，进入如图 4-2-19 所示重启提示界面，重启完成后，设置生效。

编写如图 4-2-20 所示的工业机器人向 PLC 发送信号的通信程序，可以验证工业机器人和 PLC 的通信是否正常，若程序能够运行，则说明通信成功。

程序中，"！"后的文字为说明性文字，不影响程序的运行。

图 4-2-18　参数设置

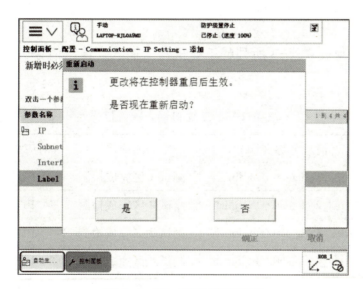

图 4-2-19　重启提示界面

图 4-2-20　工业机器人向 PLC 发送信号的通信程序

任务小结

本任务要求会配置 I/O 信号，能完成输入信号 DI、输出信号 DO、组输入信号 GI、组输出信号 GO 的配置，能完成系统输入输出信号与 I/O 信号的关联及示教器可编程按键的设置。完成任务的同时，重点掌握系统输入输出信号与数字 I/O 信号关联的作用。

思考与练习

按表 4-2-3 与表 4-2-4 所列的工业机器人输入、输出信号，完成工业机器人相关 I/O 的配置。

表 4-2-3　工业机器人输入信号

I/O 板地址	信号名称（DI）	功能描述	对应关系	对应 I/O
0	Area_1_detectI/On_finish	测试 1 区完成检测	PLC	Q12.0
1	Area_2_detectI/On_finish	测试 2 区完成检测	PLC	Q12.1
2	Area_3_detectI/On_finish	测试 3 区完成检测	PLC	Q12.2
3	Area_4_detectI/On_finish	测试 4 区完成检测	PLC	Q12.3
4	Continue	继续	PLC	Q12.4
5	Stop	急停	PLC	Q12.5
6	Mode	模式切换	PLC	Q12.6
7	Result	PLC 检测结果	PLC	Q12.7
8	VacSen_1	真空检知（双）	工具	
9	VacSen_2	真空检知（单）	工具	
10	Res	复位	PLC	Q8.0
11	Screw_Arrive	螺钉到位	工具	

续表

I/O 板地址	信号名称（DI）	功能描述	对应关系	对应 I/O
12	torque	转矩检测	工具	
13	CCD_OK	视觉 OK 信号	CCD	OR
14	CCD_Finish	视觉完成	CCD	GATE
15	CCD_Running	视觉运行	CCD	READY

表 4-2-4　工业机器人输出信号

I/O 板地址	信号名称（DO）	功能描述	对应关系	对应 I/O
0	GO10_1_2	放料完成组信号	（1）-PLC	I3.0
1			（2）-PLC	I3.1
2	PutFinish_Affirm	放料完成确认	PLC	I3.2
3	BVAC_1	破真空（单）	工具	
4	Grip	码垛夹爪	工具	
6	Screw_Hit	拧紧螺钉	工具	
7	HandChange_Start	快换装置	工具	
8	Vacunm_1	真空（双）	工具	
		吸螺钉	工具	
9	Vacunm_2	真空（单）	工具	
10	AllowPhoto	允许拍照	CCD	STEP0
11	GO10_11_14	CCD 组信号	CCD	DI0
12			CCD	DI1
13			CCD	DI2
14			CCD	DI3
15	Scene_Affirm	场景确认	CCD	DI7

项目五
工业机器人程序数据与程序指令

项目概述

　　本项目将介绍如何使用程序数据并认识常用的 RAPID 程序指令等。

　　通过本项目的学习，应能够使用程序数据及 RAPID 程序指令，最终达到能使用示教器进行程序编辑的要求。

任务一　程序数据

任务描述

查看程序数据的类型，并对程序数据进行创建、定义与赋值。

知识目标

➤ 了解工业机器人程序数据的类型。
➤ 熟悉如何对程序数据进行建立与赋值。
➤ 熟悉如何对数值量数组进行建立与赋值。

技能目标

➤ 熟练配置工业机器人程序数据。
➤ 熟练使用数值量数组。

知识准备

1. 程序数据的类型

程序数据是在程序模块或系统模块中设定的值和定义的一些环境数据。创建的程序数据由同一个模块或其他模块中的指令进行引用。图 5-1-1 所示为程序编辑内容（工业机器人常用直线运动指令），在该程序指令 MoveL 中有 4 个常用程序数据。

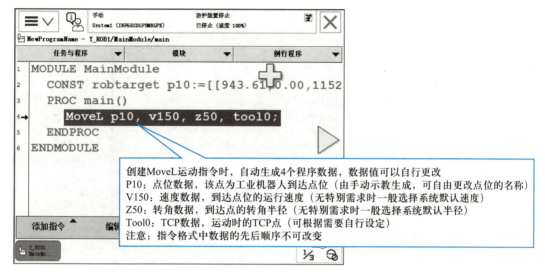

图 5-1-1　程序编辑内容

MoveL 指令中的 4 个程序数据的数据类型说明见表 5-1-1。

ABB 工业机器人的程序数据共有 76 个，程序数据可以根据实际情况进行创建，为 ABB 工业机器人程序设计提供良好的数据支撑。

表 5-1-1　程序数据的数据类型说明

程　序　数　据	数　据　类　型	说　　　明
P10	robtarget	工业机器人运动目标位置数据
V150	speeddata	工业机器人运动速度数据
Z50	zonedata	工业机器人运动转弯数据
Tool0	Tooldata	工业机器人工作数据 TCP

数据类型可以利用示教器的"程序数据"界面（图 5-1-2）进行查看，并创建所需要的程序数据。

（1）程序数据的存储类型

1）变量 VAR。变量型数据用于定义某个数值，一旦数值被定义，在程序执行的过程中和程序停止时，会保持当前的值。一旦程序指针被移到主程序后，当前数值会丢失，图 5-1-3 所示为创建变量操作。

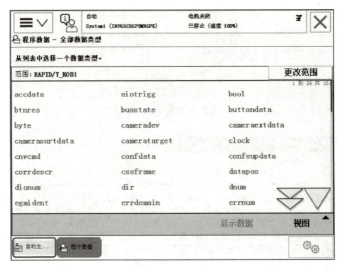

图 5-1-2   "程序数据"界面

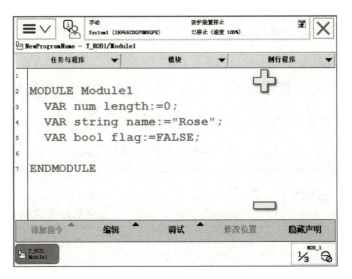

图 5-1-3   创建变量操作

其中，VAR 表示存储类型为变量，num 表示程序数据类型，程序说明如下。

VAR num length:=0;   !名称为 length 的数值型变量赋值为 0

VAR string name:="Rose";   !名称为 name 的字符型变量赋值为"Rose"

VAR bool flag:=FALSE;   !名称为 flag 的布尔量变量赋值为错

在程序中进行变量赋值操作，如图 5-1-4 所示。

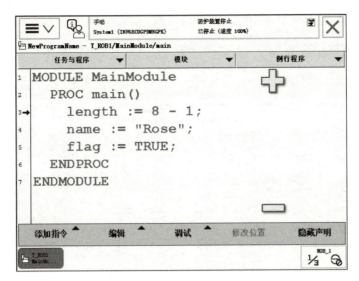

图 5-1-4　变量赋值操作

2）可变量 PERS。无论程序的指针如何，可变量数据都会保持最后赋予的值。在工业机器人执行的 RAPID 程序中也可以对可变量存储类型进行赋值操作，程序执行后，赋值的结果会一直保持，直到对其进行重新赋值。可变量数据赋值内容操作如图 5-1-5 所示。

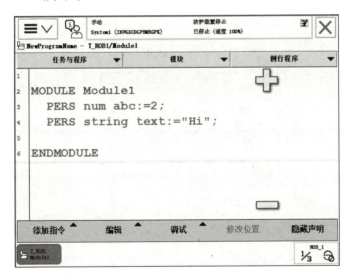

图 5-1-5　可变量数据赋值内容操作

程序说明如下。

PERS num abc：=2；　　　　!名称为 abc 的数值数据。

PERS string text：="Hi"；　　!名称为 text 的字符数据。

3）常量 CONST。常量数据在定义时已赋予了数值，不能在程序中进行修改，除非手动修改。存储类型为常量的程序数据，不允许在程序中进行赋值的操作。常量操作如图 5-1-6 所示。

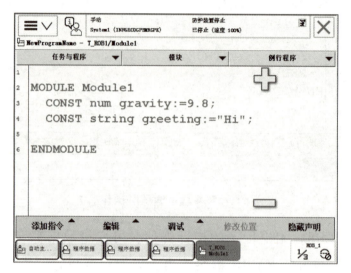

图 5-1-6　常量操作

（2）常用的程序数据

工业机器人系统根据不同的数据用途，定义了不同的程序数据。系统中还有针对一些特殊功能的程序数据，在对应的功能说明书中会有相应的详细介绍，也可根据需要新建程序数据类型。常用程序数据见表 5-1-2。

表 5-1-2　常用程序数据

程序数据	说　明	程序数据	说　明
bool	布尔量	mecunit	机械装置数据
byte	整数数据 0~255	num	数值数据
clock	计时数据	orient	姿态数据
dionum	数字输入/输出信号	pos	位置数据（只有 X、Y 和 Z）
extjoint	外轴位置数据	pose	坐标转换
intnum	中断标志符	robjoint	工业机器人轴角度数据
jointtarget	关节位置数据	robtarget	工业机器人与外轴的位置数据
loaddata	负荷数据	speeddata	工业机器人与外轴的速度数据

续表

程序数据	说　　明	程序数据	说　　明
string	字符串	wobjdata	工件数据
tooldata	工具数据	zonedata	TCP 转弯半径数据
trapdata	中断数据		

（3）数组

数组是在程序设计中，为了处理方便，把具有相同类型的若干元素按无序的形式组织起来的一种形式。若将类型相同的变量的集合命名，那么这个名称为数组名。组成数组的各个变量称为数组的分量，也称为数组的元素，有时也称为下标变量。用于区分数组的各个元素的数字编号称为下标。合理使用数组可以较大程度简化程序。

1）一维数组。使用数组可用若干元素按无序的形式组织起来形成列表，坐标量的一维数组见表5-1-3，将 A1~A9 点位置按照组织记录并形成列表，右侧图形表明该数组对应的零件码放位置的情况。编辑程序时可以通过改变数组中的变元[i]来调用数组中记录的数据。

表 5-1-3　坐标量的一维数组

数组名称	变元[i]	坐标量记录
A	1	A{1}节点的位置数据
	2	A{2}节点的位置数据
	3	A{3}节点的位置数据
	4	A{4}节点的位置数据
	5	A{5}节点的位置数据
	6	A{6}节点的位置数据
	7	A{7}节点的位置数据
	8	A{8}节点的位置数据
	9	A{9}节点的位置数据

例：需要使用数组中 A1 节点位置数据时，程序为

i：= 1；

MoveL A{i}，v1000，fine，tool0；

例：需要使用数组中 A3 节点位置数据时，程序为

i：= 3；

MoveL A{i}，v1000，fine，tool0；

由数值量组成的数组，一般在使用过程中采用 num 类型变量。方便对工业机器人工作台中的零件状态、工具状态等一系列参数进行打包组合和归类。使用时能够使程序简单化。数值量的一维数组见表 5-1-4，对变元[i]位置的零件状态（"无"或"有"）进行赋值"0"或"1"来表示位置 1 至 9 有无零件。右侧图形表明此时位置 5、6、7 处有零件，后续零件将不会码放在这三个位置。

表 5-1-4　数值量的一维数组

数组名称	变元[i]	值	状态表示	
A（零件状态）	1	0	无零件	
	2	0	无零件	
	3	0	无零件	
	4	0	无零件	
	5	1	有零件	
	6	1	有零件	
	7	1	有零件	
	8	0	无零件	
	9	0	无零件	

2）二维数组。二维数组与一维数组使用方法类似，只是增加了一个维度，使得数组能够适应更多的场合，记录更多的数据。如建立二维数值量数组 K，第一维度大小为 3，第二维度大小为 4，见表 5-1-5。

表 5-1-5 二维数值量数组

数组名称	变元[i_1]	变元[i_2]	数 值 数 据
K	1	1	K{1,1}的数据
	1	2	K{1,2}的数据
	1	3	K{1,3}的数据
	1	4	K{1,4}的数据
	2	1	K{2,1}的数据
	2	2	K{2,2}的数据
	2	3	K{2,3}的数据
	2	4	K{2,4}的数据
	3	1	K{3,1}的数据
	3	2	K{3,2}的数据
	3	3	K{3,3}的数据
	3	4	K{3,4}的数据

需要使用数组中 $K\{1,1\}$ 的数据时，$i\_1:=1$、$i\_2:=1$，二维数值量数组 K 在 offs 函数中的使用程序为

MoveL offs(P10,0,K{i_1,i_2},0),v1000,fine,tool0;

2. 建立程序数据

建立程序数据的方法有两种，一是直接在示教器中的程序数据界面中建立程序数据；二是在建立程序指令时，同时自动生成对应的程序数据。下文主要介绍直接在示教器中的程序数据界面中建立程序数据的方法。

在示教器主菜单中，单击"程序数据"，如图 5-1-7 所示。

选择要建立的数据类型（本任务选用"bool"），单击右下方的"显示数据"，如图 5-1-8 所示。

在"bool"数据编辑界面左下方单击"新建..."，如图 5-1-9 所示。

图 5-1-7   示教器主菜单

图 5-1-8   "程序数据"界面

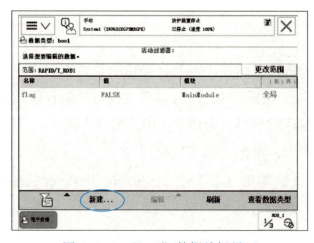

图 5-1-9   "bool"数据编辑界面

　　设定数据名称、参数，设定完成后单击"确定"。数据设定参数如图 5-1-10 所示，其说明见表 5-1-6。

图 5-1-10　数据设定参数

表 5-1-6　数据设定参数说明

设 定 参 数	说　　　明
名称	设定数据的名称
范围	设定数据可使用的范围
存储类型	设定数据的可存储类型
任务	设定数据所在的任务
模块	设定数据所在的模块
例行程序	设定数据所在的例行程序
维数	设定数据的维数
初始值	设定数据的初始值

3. 建立数值量数组

建立数值量数组的操作步骤如下。

单击示教器主菜单中的"程序数据",如图 5-1-11 所示。

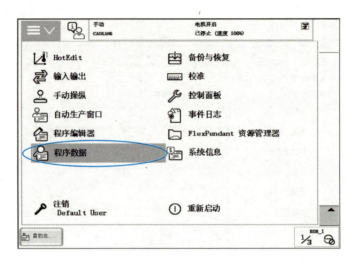

图 5-1-11　示教器主菜单

在"程序数据"界面单击"视图",选择"全部数据类型",选中想要建立数组的数据类型。建立数值量数组应选中 num,如图 5-1-12 所示。

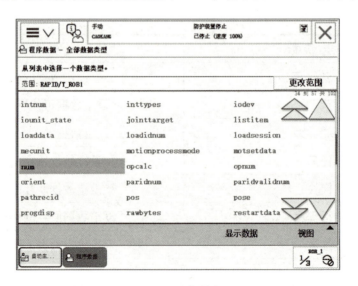

图 5-1-12　"程序数据"界面

在"数据类型"界面单击"新建...",如图 5-1-13 所示。

修改数组名称,选中维数,开启维数子菜单,选择需要使用的维数,数据设定参数如图 5-1-14 所示。

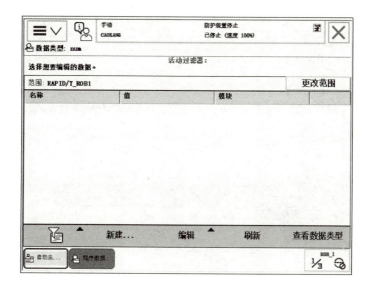

图 5-1-13　"数据类型"界面

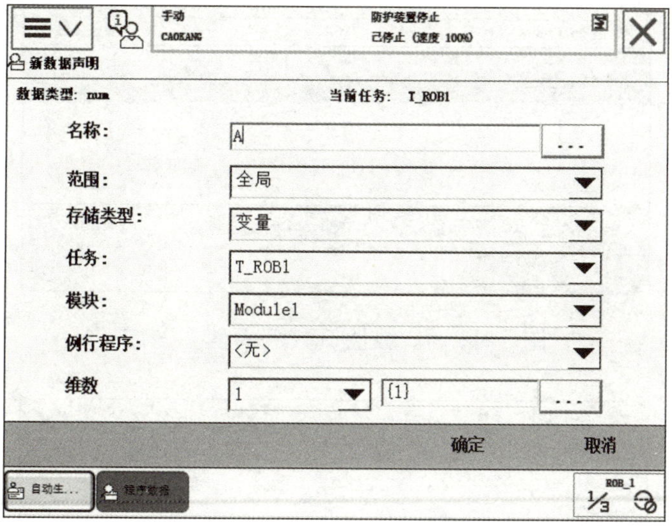

图 5-1-14　数据设定参数

在图 5-1-14 所示界面单击"维数"右侧的按钮 <u>...</u> 定义数组大小，如图 5-1-15 所示。

单击"确定"后，数值量数组 A 建立完成，如图 5-1-16 所示。

单击数值量数组 A 可以查看当前数值量数组 A 中记录的数据，如图 5-1-17 所示。

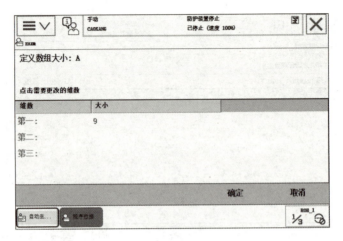

图 5-1-15　定义数组大小

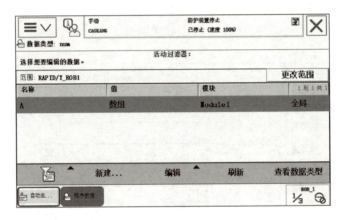

图 5-1-16　数值量数组 A 建立完成

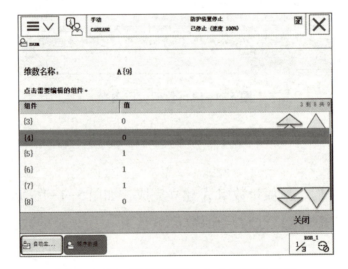

图 5-1-17　数值量数组 A 中记录的数据

任务实施

按表 5-1-7 信息完成工业机器人程序数据的建立。

表 5-1-7　建立工业机器人程序数据

数 据 类 型	名 称	任 务 要 求	完 成 情 况
变量 VAR	height	初始值为"5"	
可变量 PERS	length	数值型数据初始值为"4"	
	mength	字符型数据初始值为"xy"	
常量 CONST	width	值为"3"	
一维数组	A	变元[i]为9	
二维数组	K	变元[i_1]为3 变元[i_2]为4	

1）建立名称为"height"的变量 VAR，并输入变量初始值；

2）建立名称为"length"的数值型可变量 PERS，并输入数值型数据；

3）建立名称为"mength"的字符型可变量 PERS，并输入字符型数据；

4）建立名称为"width"的常量 CONST；

5）建立一维数组；

6）建立二维数组。

检测与评价

参考建立工业机器人程序数据检测与评价表（表5-1-8），对程序数据使用情况进行评价，并根据完成的实际情况进行总结。

表 5-1-8 建立工业机器人程序数据检测与评价表

评价项目		评价要求	评分标准	分值	得分
任务内容	建立变量 VAR	名称与初始值正确	结果性评分，正确 10 分，错误不得分	10	
	建立可变量 PERS	名称与数值型数据初始值正确	结果性评分，正确 15 分，错误不得分	15	
		名称与字符型数据初始值正确	结果性评分，正确 15 分，错误不得分	15	
	建立常量 CONST	名称与值正确	结果性评分，正确 10 分，错误不得分	10	
	建立一维数组	名称与变元[i]的值正确	结果性评分，正确 19 分，错误不得分	19	
	建立二维数组	名称与变元[i_1]、[i_2]的值正确	结果性评分，正确 19 分，错误不得分	19	
安全文明生产	设备	保证设备安全	1. 每损坏设备 1 处扣 1 分 2. 人为损坏设备倒扣 10 分	5	
	人身	保证人身安全	否决项，发生皮肤损伤、触电、电弧灼伤等，本任务不得分	2	
	文明生产	劳动保护用品穿戴整齐 遵守各项安全操作规程 实训结束要清理现场	1. 违反安全文明生产考核要求的任何一项，扣 1 分 2. 当教师发现重大人身事故隐患时，要立即给予制止，并倒扣 10 分 3. 不穿工作服和绝缘鞋，不得进入实训场地	5	
合计				100	

任务小结

本任务学习了程序数据，应重点掌握数值量数组的建立。

思考与练习

尝试建立程序指令，同时自动生成对应的程序数据，并对生成的程序数据进行分析。

任务二　初识 RAPID 程序指令

任务描述

创建 RAPID 程序模块及例行程序，并写入指令。

知识目标

➤ 认识 ABB 工业机器人 RAPID 程序。

➤ 了解如何建立程序模块和例行程序。

➤ 了解 RAPID 程序指令。

技能目标

➢ 能够用示教器创建 RAPID 程序和例行程序，并写入指令。

知识准备

1. 建立 RAPID 程序模块与例行程序

（1）RAPID 程序结构

RAPID 是一种英文编程语言，所包含的指令可以移动机器人、设置输出、读取输入，还能实现决策、重复其他指令、构造程序、与系统操作员交流等功能。RAPID 程序是使用 RAPID 编程语言的特定词汇和语法编写而成的程序。

RAPID 程序中包含了一连串控制机器人的指令，执行这些指令可以实现对 ABB 工业机器人的控制操作。RAPID 程序的基本架构见表 5-2-1。

表 5-2-1　RAPID 程序的基本架构

程序模块 1	程序模块 2	程序模块 3	程序模块 4
程序数据	程序数据	程序数据	程序数据
主程序 main	例行程序	例行程序	例行程序
例行程序	中断程序	中断程序	中断程序
中断程序	功能	功能	功能
功能			

RAPID 程序的架构说明：

1）RAPID 程序由程序模块与系统模块组成。一般只通过新建程序模块来构建工业机器人的程序，而系统模块多用于系统方面的控制。

2）可以根据不同的用途创建多个程序模块，如专门用于主控制的程序模块，用于位置计算的程序模块，用于存放数据的程序模块，这样便于归类管理不同用途的例行程序与程序数据。

3）每一个程序模块包含了程序数据、例行程序、中断程序和功能四种对象，但不一定在一个程序模块中都有这四种对象，程序模块之间的程序数据、例行程序、中断程序和功能是可以互相调用的。

4）在 RAPID 程序中，只有一个主程序 main，存在于任意一个程序模块中，并且是整个 RAPID 程序执行的起点。

（2）建立 RAPID 程序和例行程序

在示教器主菜单（图 5-2-1）中单击"程序编辑器"，建立 RAPID 程序。

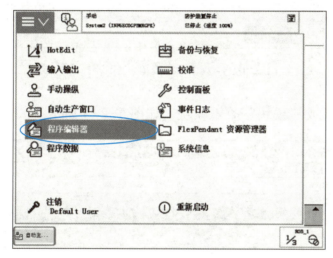

图 5-2-1 示教器主菜单

单击"新建"或"加载"，如图 5-2-2 所示。

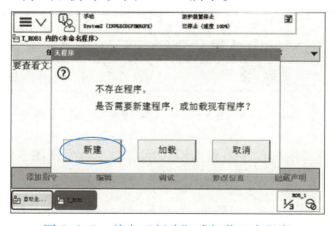

图 5-2-2 单击"新建"或加载已有程序

单击"例行程序"查看例行程序，如图 5-2-3 所示。

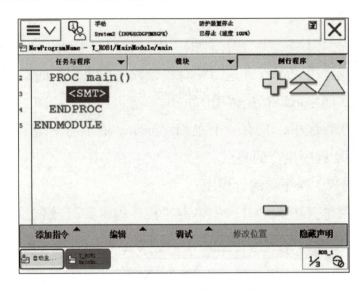

图 5-2-3　查看例行程序

单击"后退"或"模块"查看模块，如图 5-2-4 所示。

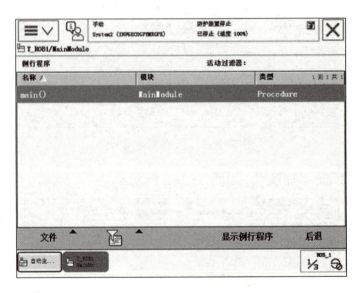

图 5-2-4　查看模块

在"模块"和"例行程序"界面中，单击"文件"（图 5-2-5），单击"新建例行程序…"。

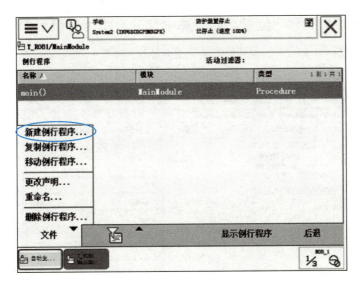

图 5-2-5　"文件"菜单

2. 认识常用的 RAPID 程序指令

ABB 工业机器人提供了多种编程指令，可以使工业机器人完成焊接、码垛、搬运等工作。

打开示教器主菜单，单击"程序编辑器"，如图 5-2-6 所示。

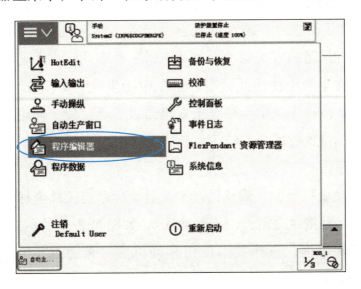

图 5-2-6　示教器主菜单

选中要插入指令的程序位置，此时选中部分显示为蓝色。单击"添加指令"，打开指令列表（图 5-2-7），选择要插入的指令。

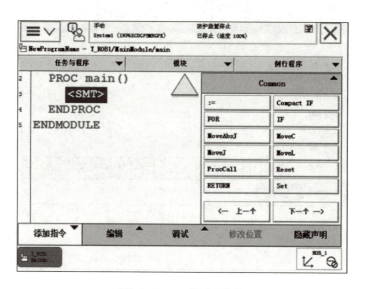

图 5-2-7　指令列表

指令列表中各种常用指令介绍如下。

（1）运动指令

工业机器人在空间中常用运动指令主要有绝对位置运动（MoveAbsJ）、关节运动（MoveJ）、线性运动（MoveL）和圆弧运动（MoveC）四种方式。

1）绝对位置运动指令。绝对位置运动指令可移动机械臂至某个绝对位置。工业机器人以单轴运动的方式运动至目标点，不存在死点，运动状态完全不可控制，应避免在正常生产中使用此命令。指令中 TCP 与 Wobj 只与运动速度有关，与运动位置无关。该指令常用于检查工业机器人零点位置，使用六个轴和外轴的角度值来定义目标位置数据。

操作步骤如下：

进入"手动操纵"界面，确认已选定工具坐标系与工件坐标系（在添加或修改工业机器人的运动指令之前，一定要确认），如图 5-2-8 所示。

进入程序编辑界面，选择要添加指令的位置（蓝色显示），单击"添加指令"，选择"MoveAbsJ"指令，如图 5-2-9 所示。

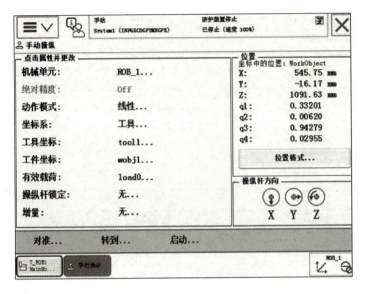

图 5-2-8 "手动操纵"界面

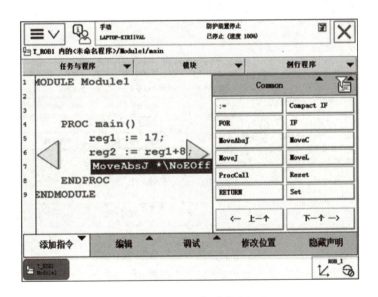

图 5-2-9 程序编辑界面

双击图 5-2-9 所示的"*",弹出点位设定界面,单击"新建",选择默认设置,如图 5-2-10 所示,单击"确定"。

选中刚刚创建的指令的名称,单击"调试",选择"查看值",如图 5-2-11 所示。

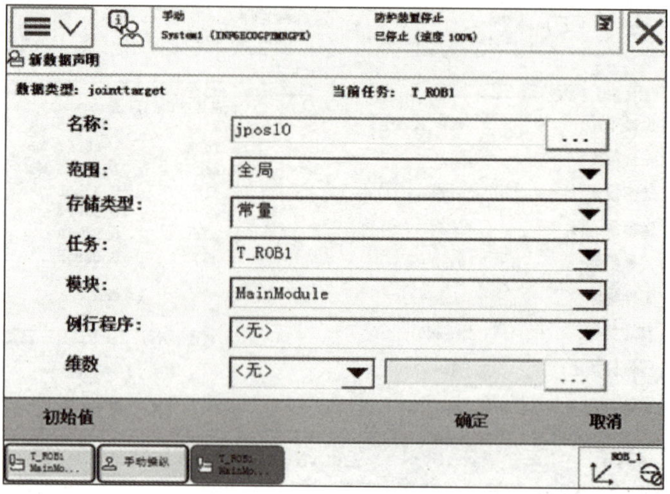

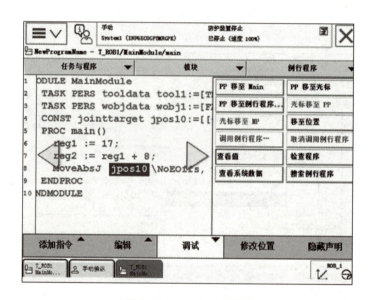

图 5-2-10 默认设置

图 5-2-11 "查看值"

根据实际情况，设置工业机器人各关节的值。这里设置为工业机器人原点位置 rax_1 ：=0；rax_2 ：=0；rax_3 ：=0；rax_4 ：=0；rax_5 ：=90；rax_6 ：=0，单击"确定"，如图 5-2-12 所示，回到程序界面。

调试运行程序，此时工业机器人各轴运行到设定值位置，如图 5-2-13 所示。

程序中的运动指令为"MoveAbsJ jpos10 \NoEOffs，v1000，z50，tool1\Wobj：= wobj1；"，指令解析见表 5-2-2。

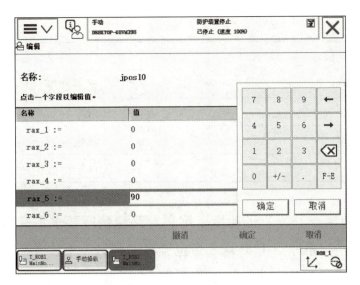

图 5-2-12　工业机器人原点位置

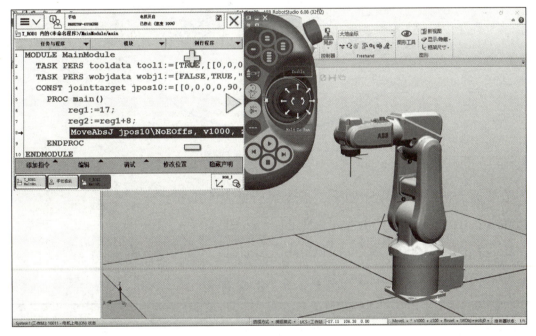

图 5-2-13　各轴运行到设定值位置

表 5-2-2　指 令 解 析

参　　数	含　　义
jpos10	目标点名称、位置数据
\NoEOffs	外轴不带偏移数据

续表

参　数	含　义
V1000	运动速度
z50	转弯半径数据
tool0	工具坐标数据
Wobj1	工件坐标数据

2）关节运动指令。关节运动指令用在对路径精度要求不高的情况下，使工业机器人的工具坐标系原点 TCP 从一个位置移动到另一个位置。两个位置之间的路径不一定是直线，关节运动路径如图 5-2-14 所示。

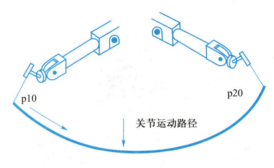

p10　　　　　　　　　　　　　p20

关节运动路径

图 5-2-14　关节运动路径

关节运动指令示例程序如下，指令解析见表 5-2-3。

MoveJ p10，v1000，z50，tool1\Wobj：=wobj1；

MoveJ p20，v1000，z50，tool1\Wobj：=wobj1；

表 5-2-3　指令解析

参　数	含　义
p10	目标点位置数据
v1000	运动速度数据

关节运动指令适合在工业机器人大范围运动时使用，不容易在运动过程中出现关节轴机械死点的问题。目标点位置数据定义工业机器人 TCP 的运动目标，可以在示教器中单击"修改位置"进行修改。运动速度数据用于定义速度（单位为

mm/s），转弯区数据定义转变区的大小（单位为 mm），工具坐标数据用于定义当前指令使用的工具，工件坐标数据定义当前指令使用的工件坐标。

3）线性运动指令。线性运动指令可使工业机器人 TCP 从起点到终点之间的路径始终保持为直线（两点确定一条直线路径）。焊接、涂胶等对路径要求高的场合使用此指令。线性运动路径如图 5-2-15 所示。线性运动指令示例程序如下。

图 5-2-15　线性运动路径

MoveL p10，v1000，fine，tool1\Wobj：=wobj1；

MoveL p20，v1000，fine，tool1\Wobj：=wobj1；

4）圆弧运动指令。圆弧路径指令用于在工业机器人可到达的范围内定义三个位置点，第一个点是圆弧的起点，第二个点用于定义圆弧的曲率，第三个点是圆弧的终点，工业机器人 TCP 的运动轨迹为这三点确定的圆弧。圆弧运动路径如图 5-2-16 所示。圆弧运动指令示例程序如下，指令解析见表 5-2-4。

MoveL p10，v1000，fine，tool1\Wobj：=wobj1；

MoveC p30，p40，v1000，z1，tool1\Wbj：=wobj1；

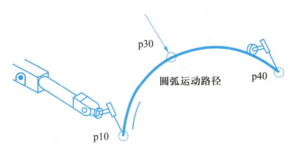

图 5-2-16　圆弧运动路径

表 5-2-4　指令解析

参　　数	含　　义
p10	圆弧的第一个点
p30	圆弧的第二个点
p40	圆弧的第三个点
fine\z1	转弯区数据

5）运动指令的使用。

示例程序 1：Movel p1, v200, z10, tool1 \wobj: =wobj1;

工业机器人 TCP 从当前位置向 p1 点以线性运动方式移动，速度是 200 mm/s，转弯区数据是 10 mm，距离 p1 点还有 10 mm 的时候开始转弯，使用的工具数据是 tool1，工件坐标数据是 wobj1。

示例程序 2：Movel p2, v100, fine, tool1 \wobj: =wobj1;

工业机器人 TCP 从 p1 点向 p2 点以线性运动方式移动，速度是 100 mm/s，转弯区数据是 fine，工业机器人在 p2 点稍作停顿，使用的工具数据是 tool1，工件坐标数据是 wobj1。

示例程序 3：Movej p3, v500, fine, tool1 \wobj: =wobj1;

工业机器人 TCP 从 p2 点向 p3 点以关节运动方式移动，速度是 500 mm/s，转弯区数据是 fine，工业机器人在 p3 点停止，使用的工具数据是 tool1，工件坐标数据是 wobj1。

工业机器人 TCP 运动速度一般最高为 5000 mm/s，在手动限速状态下，所有的运动速度都小于 250 mm/s。"fine"指工业机器人 TCP 达到目标点，在目标点速度降为零，工业机器人动作有所停顿然后再向下运动。一段路径的最后一个点，转弯区数据一定要为"fine"。转弯区数据值越大，工业机器人的动作路径就越圆滑、流畅，如图 5-2-17 所示。

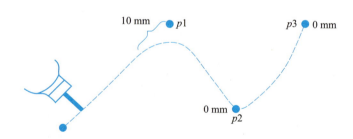

图 5-2-17　运动指令的使用示例

（2）I/O 控制指令

I/O 控制指令用于控制 I/O 信号，以达到使工业机器人与周边设备进行通信的目的。

1）Set 数字信号置位指令。Set 数字信号置位指令用于将数字输出（Digital

Output）信号置位为"1"，即高电平，"do1"表示数字输出信号，程序如下

　　Set do1;

　　2）Reset 数字信号复位指令。Reset 数字信号复位指令用于将数字输出（Digital Output）信号置位为"0"，即低电平。如果在 Set、Reset 指令前有运动指令 MoveJ、MoveL、MoveC、MoveAbsJ 的转弯区数据，必须使用"fine"才可以准确地输出 I/O 信号状态的变化。程序如下。

　　Reset do1;

　　3）WaitDI 数字输入信号判断指令。WaitDI 数字输入信号判断指令用于判断数字输入信号的值是否与目标一致，"di1"表示数字输入信号。程序如下。

　　WaitDI di1, 1;

　　执行此指令时，等待 di1 的值为 1。如果 di1 为 1，则程序继续执行；如果到达最大等待时间 300 s（此时间可根据实际情况进行设定）以后，di1 的值还不为 1，则工业机器人报警或进入出错处理程序。

　　4）WaitDO 数字输出信号判断指令。WaitDO 数字输出信号判断指令用于判断数字输出信号的值是否与目标一致。程序如下。

　　WaitDO do1, 1;

　　参数以及说明同 WaitDI 指令。

　　5）WaitUntil 信号判断指令。WaitUntil 信号判断指令可用于布尔量、数字量和 I/O 信号值的判断，如果条件达到指令中的设定值，程序继续执行，否则将一直等待，除非设定了最大等待时间。flag1 为布尔型数据，num1 为数值型数据。

　　WaitUntil di1 = 1;

　　WaitUntil do1 = 0;

　　WaitUntil flag = TRUE;

　　WaitUntil num1 = 8;

　　（3）条件逻辑判断指令

　　条件逻辑判断指令用于对条件进行判断，根据判断结果执行相应的操作，是 RAPID 语言重要的指令。

　　1）Compact IF 紧凑型条件判断指令。Compact IF 紧凑型条件判断指令用于当满足一个条件以后，就执行一句指令。程序如下。

IF flag1 = TRUE Set do1;

如果判断条件 flag1 的状态为 TRUE，则 do1 被置位为 1，否则不进行置位操作。

2）IF 条件判断指令。IF 条件判断指令是根据不同的条件去执行不同的指令。程序如下。

IF num1=1 THEN

　　flag：=TRUE；

ELSEIF num1=2 THEN

　　flag1：=FALSE；

ELSE

　　Set do1；

ENDIF

如果 num1 为 1，则 flag1 会赋值为 TRUE。如果 num1 为 2，则 flag1 会赋值为 FALSE。除了以上两种条件之外，其他情况执行 do1 置位为 1。条件判定的条件数量可以根据实际情况进行增加与减少。

3）FOR 重复执行判断指令。FOR 重复执行判断指令用于一个或多个指令需要重复执行的情况。程序如下。

FOR i FROM 1 TO 6 DO

　　Routine1；

ENDFOR

执行程序 Routine1，重复执行 6 次。

4）WHILE 条件判断指令。WHILE 条件判断指令用于在给定条件满足的情况下，一直重复执行对应的指令。程序如下。

WHILE num1>num2 DO

　　num1：=num1-1；

ENDWHILE

当 num1>num2 的条件满足时，就一直执行 num1：=num1-1 的操作。

5）TEST 条件判断指令。TEST 条件判断指令根据表达式或数据的值，执行相应的指令。程序如下。

TEST reg1

CASE 1,2,3：

routine1；

CASE 4：

routine2；

DEFAULT：

TPWrite "Illegal choice"；

Stop；

ENDTEST

根据 reg1 的值，执行不同的指令。如果该值为 1、2 或 3，则执行 routine1；如果该值为 4，则执行 routine2；否则，打印出错误消息，并停止执行。

（4）ProcCall 调用例行程序指令

使用此指令可在指定的位置调用例行程序。该例行程序无返回值，例行程序执行完成之后将跳回原程序，并继续执行调用后的指令。

在添加指令列表中选择"ProcCall"指令，在其中选择需要的子程序（图 5-2-18），然后单击"确定"。

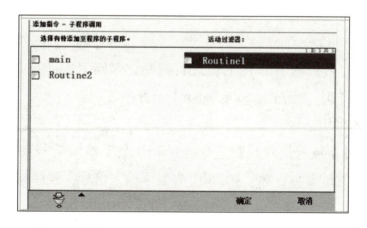

图 5-2-18　子程序调用内容画面

在工业机器人的编程中，子程序的使用能使程序大为简化，使程序编写更加灵活和方便。在工业机器人分类中可以使用调用例行程序指令 ProcCall 在判断结束之后进入该程序的子程序。工业机器人调用例行程序指令 ProcCall 使用示例程序如下。

示例程序 1：

PROC main

Subprogram1；注：使用调用指令时无需将 ProcCall 指令写出，直接输入程序名字即可。

WaitTime 0.5

SubProgram2

ENDPROC

当主程序 main 执行时直接调用 Subprogram1 子程序，当该子程序执行完毕后，等待 0.5 s，调用 Subprogram2 子程序。从而达到先执行 1 号子程序，再执行 2 号子程序的目的，并且在需要调换顺序时非常方便，直接将两个程序的名字对换即可。

示例程序 2：

IF type = 1 THEN

Subprogram1；

ELSEIF type = 2 THEN

Subprogram2；

ENDIF

通过判断指令可以对 type 内的值进行判断，判断完成后进入相应的子程序，当 type 的值等于 1 时，则进入 Subprogram1 子程序。

（5）其他的常用指令

1）WaitDI 数字输入信号判断指令。WaitDI 数字输入信号判断指令用于判断数字输入信号的值是否与目标一致，di1 为数字输入信号，程序如下。

WaitDI di1，1；

程序执行时，等待 di1 的值为 1。如果 di1 为 1，则程序继续执行；如果到达最大等待时间 300 s（此时间可根据实际进行设定）以后，di1 的值还不为 1，则工业机器人报警或进入出错处理程序。

2）WaitDO 数字输出信号判断指令。WaitDO 数字输出信号判断指令用于判断数字输出信号的值是否与目标一致，程序如下。

WaitDO do1，1；

参数及说明同 WaitDI 指令。

3）WaitAI 模拟信号输入判断指令。WaitAI 模拟信号输入判断指令用于等待，直至出现已设置模拟信号输入信号值。

示例程序 1：

WaitAI ai1，\GT，5；

仅在 ai1 模拟信号输入具有大于 5 的值之后，方可继续执行程序。

示例程序 2：

WaitAI ai1，\LT，5；

仅在 ai1 模拟信号输入具有小于 5 的值之后，方可继续执行程序。

4）WaitAO 模拟信号输出判断指令。WaitAO（Wait Analog Output）模拟信号输出判断指令用于等待，直至出现已设置模拟信号输出信号值。

示例程序 1：

WaitAO ao1，\GT，5；

仅在 ao1 模拟信号输出具有大于 5 的值之后，方可继续执行程序。

示例程序 2：

WaitAO ao1，\LT，5；

仅在 ao1 模拟信号输出具有小于 5 的值之后，方可继续执行程序。

5）WaitUntil 信号判断指令。WaitUntil 信号判断指令可用于布尔量、数字量和 I/O 信号值的判断，如果条件达到指令中的设定值，程序继续执行，否则就一直等待，除非设定了最大等待时间。flag1 为布尔型数据，num1 为数值型数据。

程序如下。

WaitUntil di1 = 1；

WaitUntil do1 = 0；

WaitUntil flag = TRUE；

WaitUntil num1 = 8；

6）WaitTime 时间等待指令。WaitTime 时间等待指令用于程序在等待一个指定的时间后，再继续向下执行。

程序如下。

WaitTime 4；

Reset do1；

等待 4 s 后，程序向下执行 Reset do1 指令。

7) RETURN 返回例行程序指令。RETURN 返回例行程序指令被执行时，将马上结束本例行程序的执行，返回程序指针到调用此例行程序的位置。

程序如下。

PROC Routine1( )

   MoveL p10，v1000，fine，tool1\wobj：=wobj1；

   Routine2；

   Set do1；

ENDPROC

PROC Routine2( )

   IF di1 = 1 THEN

     RETURN；

   ELSE

     Stop；

   ENDIF

ENDPROC

当 di1=1 时，执行 RETURN 指令，程序指针返回到调用 Routine2 的位置并继续向下执行 Set do1 指令。

8) 赋值指令。赋值指令用于对编程时的程序数据进行赋值，符号为"：="，赋值对象是常量或数学表达式。

常量赋值示例：reg1：=17；

数学表达式赋值示例：reg2：=reg1+8；

添加常量赋值指令的操作如下。在指令列表里选择"：="，如图 5-2-19 所示。

单击"更改数据类型…"（图 5-2-20）。

在列表中找到"num"并选中（图 5-2-21），然后单击"确定"。

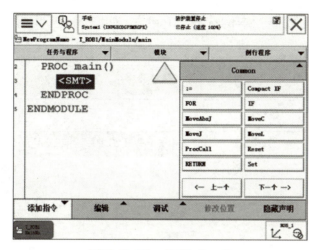

图 5-2-19 选择 ":="

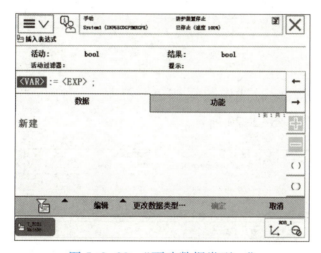

图 5-2-20 "更改数据类型…"

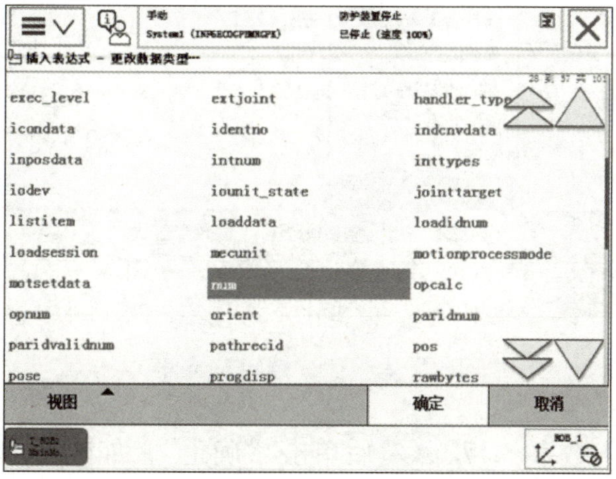

图 5-2-21 "num"

选中所要赋值的数据，本例选择"reg1"，如图 5-2-22 所示。

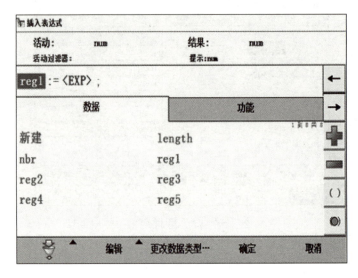

图 5-2-22 "reg1"

选择"<EXP>"，此时选中数据蓝色高亮显示。打开"编辑"菜单，选择"仅限选定内容"，如图 5-2-23 所示。

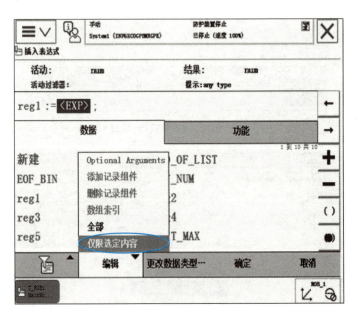

图 5-2-23 "编辑"菜单

通过软键盘输入数字"17"，然后单击"确定"，如图 5-2-24 所示。
单击"确定"，如图 5-2-25 所示。

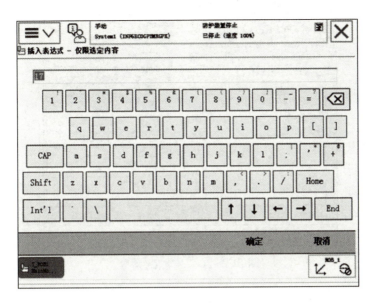

图 5-2-24　数据编辑

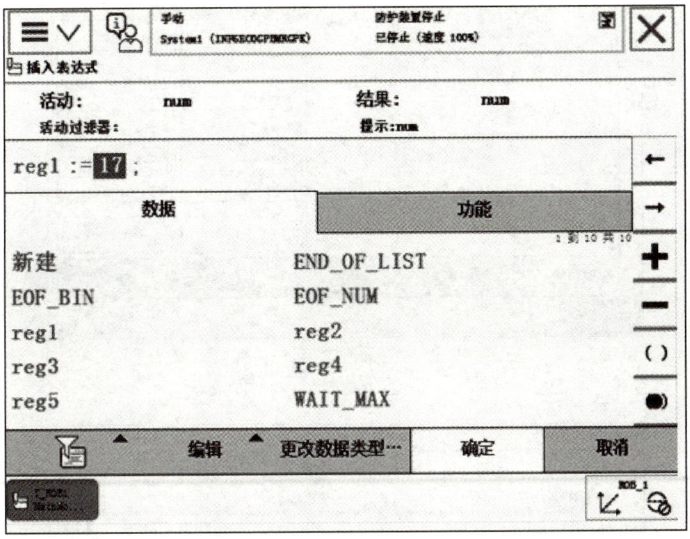

图 5-2-25　单击"确定"

单击"确定"后，可以看到增加的指令，如图 5-2-26 所示。

添加带数学表达式的赋值指令的操作如下。在指令列表里选择": =", 如图 5-2-27 所示。

选中所要赋值的数据，本例选择"reg1", 如图 5-2-28 所示。

选择"<EXP>", 此时选中数据蓝色高亮显示，如图 5-2-29 所示。

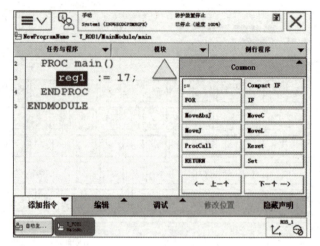

图 5-2-26 增加的指令

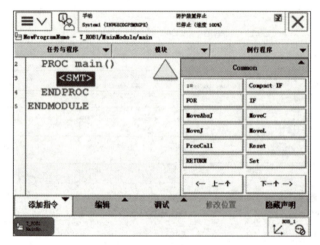

图 5-2-27 选择 ": ="

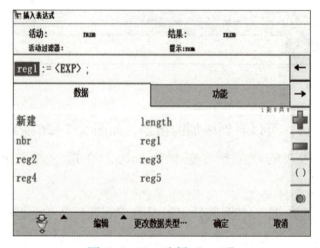

图 5-2-28 选择 "reg1"

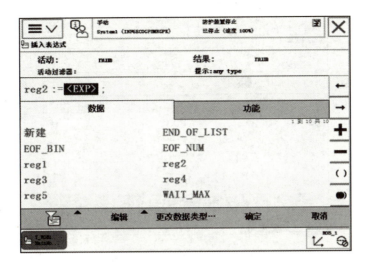

图 5-2-29　选择"<EXP>"

选择"reg1",如图 5-2-30 所示。

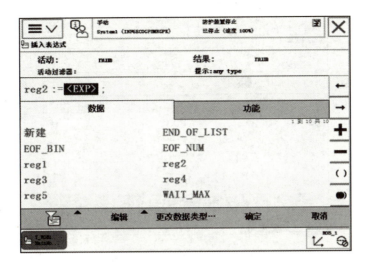

图 5-2-30　选择"reg1"

单击"+"按钮,如图 5-2-31 所示。

选中"<EXP>",打开"编辑"菜单(图 5-2-32),选择"仅限选定内容",然后在弹出的软键盘上输入"8",单击"确定"。

确认数据正确,单击"确定",如图 5-2-33 所示。

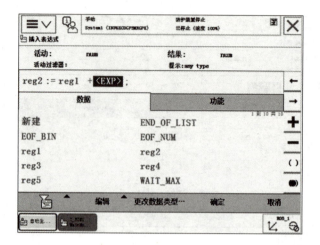

图 5-2-31 单击 "+" 按钮

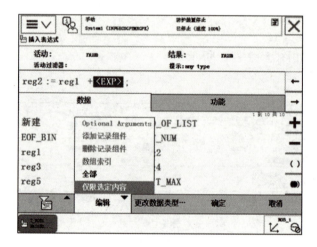

图 5-2-32 "编辑" 菜单

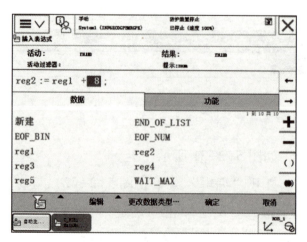

图 5-2-33 确认数据

单击"下方",选择添加指令位置,添加指令成功,如图 5-2-34 所示。

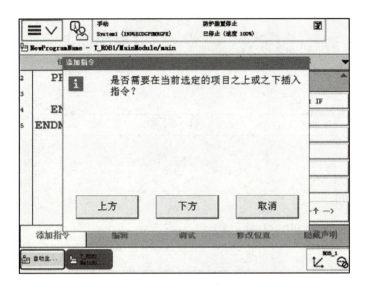

图 5-2-34　选择添加指令位置

9)Clear 清除数值指令。Clear 清除数值指令用于清除数值变量或永久数据对象,即将数值设置为 0。程序如下。

Clear reg1;

reg1 中定义的数据得以清除,即 reg1:=0。

10)Stop 停止程序执行指令。Stop 停止程序执行指令用于停止程序执行。在 Stop 指令之前,将完成当前执行的所有移动。

WaitDI di1,1;

Stop;

等待 di1 为 1 后,程序停止执行。

3. 数值变量在程序中的应用

图 5-2-35 所示为分类作业示意图,需要完成输送线上圆形零件和方形零件的分类,可使用传感器去判断零件的形状,并通过判断指令对其进行分类动作,结合子程序调用指令对动作进行规划,使程序结构更加简便。

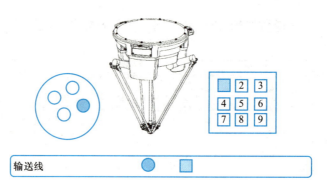

图 5-2-35　分类作业示意图

（1）变量说明

需要在程序中使用到的变量见表 5-2-5。

表 5-2-5　变　　量

变 量 名 称	变 量 类 型	变 量 说 明
type	num（数值）	存放通过传感器反馈的种类数据

（2）示例程序

程序流程图如图 5-2-36 所示。程序如下。

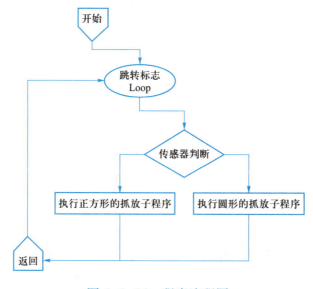

图 5-2-36　程序流程图

```
PROC main( )
Loop：
IF type＝1 THEN                                  !判断类型为正方形
Subprogram1_fang；                              !调用抓取正方形的子程序
ELSEIF type＝2 THEN                             !判断类型为圆形
Subprogram2_yuan；                              !调用抓取圆形的子程序
ENDIF
GOTO loop                                        !跳转至程序
ENDPROC


PROC Subprogram1_fang ( )                        !抓取正方形子程序
MoveAbsJ home\NoEOffs，v1000，z50，tool0；       !工业机器人运动至 home 点
MoveL offs（fang,0,0,200），v200,fine,tool0；     !工业机器人移动至正方形点上
                                                 方 200 mm 处

MoveL fang，v200,fine,tool0；                     !工业机器人移动至正方形点
Wait time 0. 5；                                 !等待 0. 5 s
Set getput；                                     !抓取手爪夹紧
Wait time 0. 5；                                 !等待 0. 5 s
MoveL offs（fang,0,0,200），v1000,fine,tool0；    !工业机器人移动至正方形点上
                                                 方 200 mm 处

ENDPROC
PROC Subprogram1_yuan( )                         !抓取圆形子程序
MoveAbsJ home\NoEOffs，v1000，z50，tool0；        !工业机器人运动至 home 点
MoveL offs（fang,0,0,200），v200,fine,tool0；     !工业机器人移动至圆形点上方
                                                 200 mm 处

MoveLyuan，v200,fine,tool0；                      !工业机器人移动至圆形点
Wait time 0. 5；                                 !等待 0. 5 s
reset getput                                     !抓取手爪松开
Wait time 0. 5；                                 !等待 0. 5 s
```

```
MoveL offs（yuan,0,0,200），V200,fine,tool0；  !工业机器人移动至圆形点上方
                                                    200 mm 处
MoveAbsJ home\NoEOffs, v1000, z50, tool0；    !工业机器人运动至 home 点
ENDPROC
```

4. 数值量数组在程序中的应用

图 5-2-37 所示为分类作业示意图，需要完成输送线上正方形零件的分类和存储，工业机器人在通过传感器判别并分类后，进行存储时可能会遇到存储盘中已经有零件的情况，如果不加以判断则工业机器人有撞击料盘的风险。此时可以采用数值量的数组来对料盘中每一个位置的状态进行记录，并加以判断，来解决这一问题。

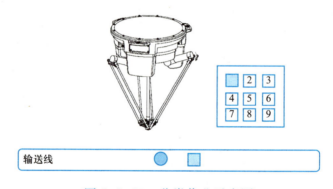

图 5-2-37　分类作业示意图

（1）变量说明

需要在程序中使用到的变量见表 5-2-6。

表 5-2-6　变　　量

变 量 名 称	变 量 类 型	变 量 说 明
A{9}	num（数值）数组	用来存储零件盘中各位置是否有零件
i	num（数值）	正方形零件盘的位置标志，将此标志运用于数组当中，方便用来搜寻零件盘上的空位
type	num（数值）	存放通过传感器反馈的种类数据

（2）示例程序

示例程序如下。

PROC main( )

Loop：

IF type＝1 THEN	!判断类型为正方形
Subprogram1_fang；	!调用抓取正方形的子程序
ENDIF	
GOTO loop	!跳转至程序
ENDPROC	

PROC Subprogram1_fang( )

i：= 0	!在执行搜索程序之前清零标志，从第一个位置开始搜索

Loop1：

IF A｛i｝= 0 THEN	!判断当前位置是否为空位
MoveAbsJ home\NoEOffs，v1000，z50，tool0；	!工业机器人运动至 home 点
MoveL offs（fang,0,0,200），V200，fine，tool0；	!工业机器人移动至正方形点上方 200 mm 处
MoveL fang，V200，fine，tool0；	!工业机器人移动至正方形点
Wait time 0.5；	!等待 0.5 s
Set getput；	!抓取手爪夹紧
Wait time 0.5；	!等待 0.5 s
MoveL offs（fang,0,0,200），V1000，fine，tool0；	!工业机器人移动至正方形点上方 200 mm 处
ELSEIF i<9　and　A｛i｝<>0 THEN	!判断当前位置中是否有零件存在，并且判断位置标志的数值，防止数组溢出
i：= i + 1；	!位置标志加 1
ELSEIF i=9 and A｛i｝<>0 THEN	!判断所有位置是否都有零件，

                                                          采用提示或报警的方式,反馈
                                                          错误状态
    Erro;   !调用提示程序
    ENDIF
    GOTO loop1
    ENDPROC

任务实施

按要求完成工业机器人程序的输入。

1)新建程序,输入如下程序。

MoveAbsJ jpos10 \NoEOffs, v1000, z50,tool1\Wobj：=wobj1;（rax_1 ：=0；rax_2 ：=0；   rax_3 ：=0；   rax_4 ：=0；rax_5 ：=90；rax_6 ：=0）

2）创建例行程序“demo”。

3）移动工业机器人后输入如下程序。

MoveJ p10, v1000, z50, tool1\Wobj：=wobj1;

4）在主程序内调用例行程序。

5）循环启动。

检测与评价

参考初识 RAPID 程序检测与评价表（表 5-2-7），对程序数据使用情况进行评价,并根据完成的实际情况进行总结。

表 5-2-7　初识 RAPID 程序检测与评价表

评价项目		评价要求	评分标准	分值	得分
任务内容	认识 RAPID 程序	认识 RAPID 程序和例行程序	结果性评分，正确 29 分，错误不得分	29	
	创建程序	学会创建 RAPID 程序和例行程序	结果性评分，正确 29 分，错误不得分	29	
	认识程序指令	认识程序指令的功能及用法	结果性评分，正确 29 分，错误不得分	29	
安全文明生产	设备	保证设备安全	1. 每损坏设备 1 处扣 1 分 2. 人为损坏设备倒扣 10 分	5	
	人身	保证人身安全	否决项，发生皮肤损伤、触电、电弧灼伤等，本任务不得分	3	
	文明生产	劳动保护用品穿戴整齐 遵守各项安全操作规程 实训结束要清理现场	1. 违反安全文明生产考核要求的任何一项，扣 1 分 2. 当教师发现重大人身事故隐患时，要立即给予制止，并倒扣 10 分 3. 不穿工作服和绝缘鞋，不得进入实训场地	5	
合计				100	

任务小结

　　本任务学习了 RAPID 程序指令，应重点掌握相关的 RAPID 程序指令，对数值变量、数值量数组在程序中的应用有初步的了解。

思考与练习

根据所学内容在教师的指导下尝试使用各种程序指令。

项目六
工业机器人典型应用

项目概述

    本项目将要学习在实际应用工业机器人的过程中所用到的编程逻辑思路，以及编程的规范性。

    通过本项目的学习，应能够编程与操作工业机器人涂胶单元，编程与操作工业机器人码垛单元，最终达到会使用工业机器人完成涂胶及码跺工作的目标。

任务一　编程与操作工业机器人涂胶单元

任务描述

完成工业机器人在涂胶单元上的示教操作；完成工业机器人涂胶功能的编程；完成工业机器人涂胶单元的调试。

知识目标

➤ 熟悉工业机器人建立节点坐标并记录的方法。
➤ 熟悉工业机器人修改节点位置数据的方法。
➤ 熟悉工业机器人建立工具坐标系的方法。

技能目标

➤ 能够完成工业机器人在涂胶单元上的示教操作。
➤ 能够完成工业机器人涂胶工艺程序的编写。
➤ 能够完成工业机器人涂胶工具工具坐标系的建立。
➤ 能够完成工业机器人涂胶工艺的自动运行。

知识准备

1. 采用工业机器人涂胶的意义

传统涂胶大多以人工使用胶枪进行作业，人工使用的胶枪如图 6-1-1 所示。涂胶机器人将传统的涂胶工具安装在了工业机器人本体末端，代替人的工作进行涂胶，广泛应用于汽车领域，汽车玻璃涂胶作业如图 6-1-2 所示。工业机器人涂胶有着涂胶效率高、涂层平滑细腻、无刷痕、涂料利用率高、容易到达拐角和空隙、可喷涂高黏度涂料等优点。

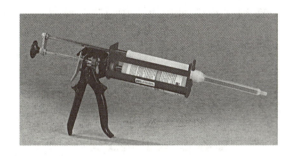

图 6-1-1　胶枪

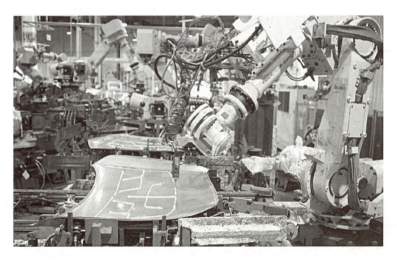

图 6-1-2　汽车玻璃涂胶作业

2. 示教工业机器人

（1）示教的意义

工业机器人可以通过示教器在线记录使用者操作过程中的节点信息，形成反映该模拟操作过程的节点信息组，对符合预设条件的节点信息组进行修改，即可制成示教文件。这个过程称为示教。在操作过程中，只需要简单的引导工业机器人完成对应的操作，重点完成对节点信息的补充修改，大大减少了示教数据的处理量，并且使工业机器人运行轨迹和动作更符合任务的要求。示教文件可以通过建立功能模块，组合成功能模块构架，由存储在计算机存储介质中的程序来制作。

在实际应用过程当中，如生产线上某一台工业机器人的一个工作节点发生偏移，可通过操作工业机器人示教器对该节点进行重新校正，也可以通过示教器完成所需各个节点的信息捕捉。

（2）示教的操作步骤

通过工业机器人示教完成如图 6-1-3 所示的 A、B、C 三个节点的移动，操作步骤如下。

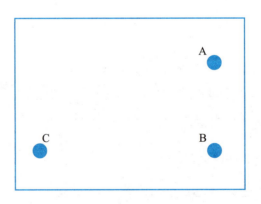

图 6-1-3　ABC 三个示教节点

在示教器主菜单单击"程序数据"选项，如图 6-1-4 所示。

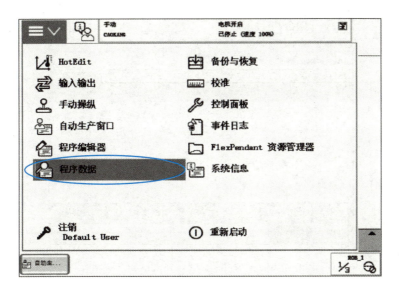

图 6-1-4　示教器主菜单

进入"程序数据"界面后，单击"视图"，选择"全部数据类型"，如图 6-1-5 所示，选择 robtarget。

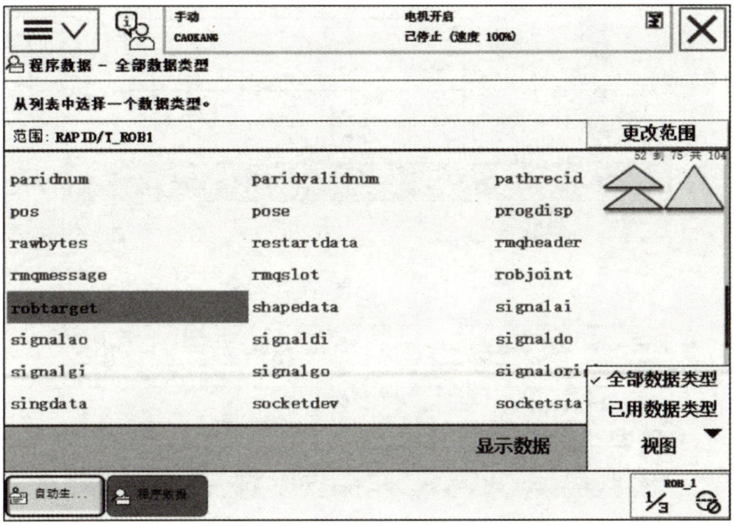

图 6-1-5　全部数据类型

进入"数据类型：robtarget"界面，如图 6-1-6 所示，单击"新建…"。

对需要建立节点的名称进行修改，如图 6-1-7 所示。

A_0 节点建立完成，如图 6-1-8 所示。

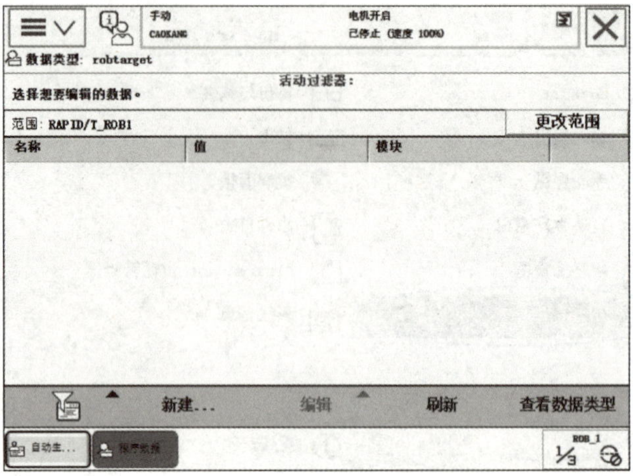

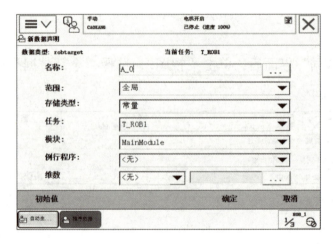

图 6-1-6　"数据类型：robtarget" 界面

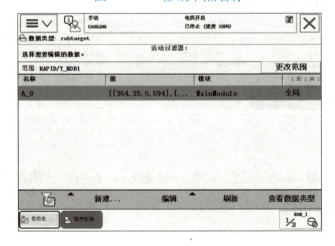

图 6-1-7　修改节点名称

图 6-1-8　A_0 节点建立完成

通过操作工业机器人示教器将工业机器人移动到 A 节点，如图 6-1-9 所示。

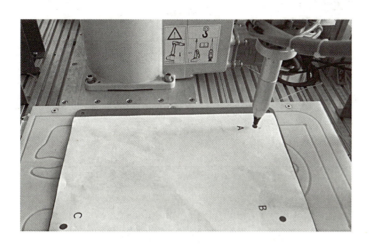

图 6-1-9　工业机器人移动到 A 节点

在如图 6-1-8 所示界面单击"编辑"，子菜单如图 6-1-10 所示，选择修改位置。此时，工业机器人已将 A 节点的位置以 robtarget 类型数据记录在控制器中。在编辑程序时可以直接调用该节点位置。

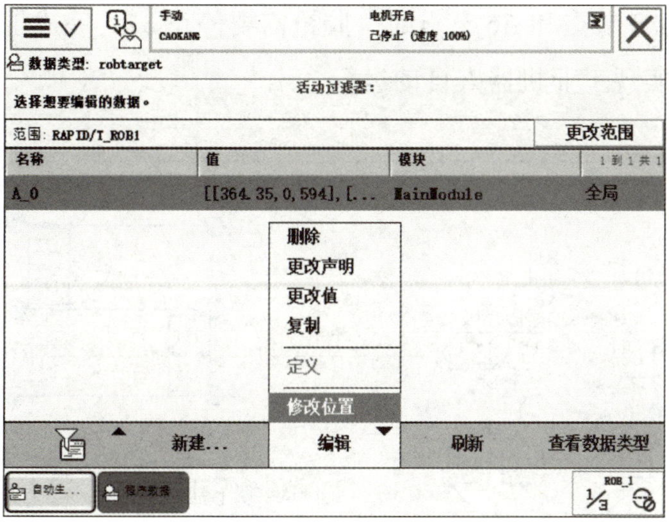

图 6-1-10　编辑子菜单

重复操作上述步骤即可完成 A、B、C 三个节点位置的示教，示教结果如图 6-1-11 所示。

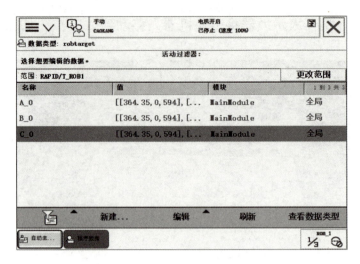

图 6-1-11   示教结果

任务实施

通过工业机器人完成如图 6-1-12 所示的 A 涂胶单元轨迹。A1 节点至 A4 节点的运行速度为 200 mm/s，由 A4 节点经过 A6 节点返回 A1 节点的运行速度为 500 mm/s，经过 A3 节点和 A6 节点时，胶枪需要停止 3 s。完成工业机器人的调试并通电试运行，实现工业机器人自动运行。

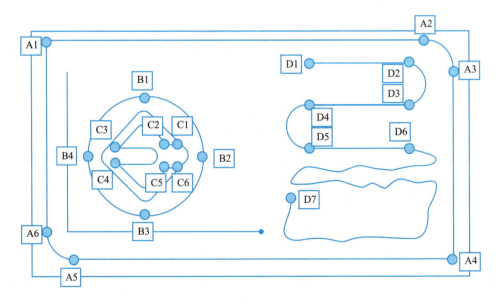

图 6-1-12   涂胶单元轨迹

1. 任务器材配置

完成本任务的器材配置，并完成表 6-1-1，具体型号和版本号可根据实训室配置调整。

表 6-1-1　器 材 配 置

序　号	名　　称	型号或版本号	备　注
1	工业机器人本体	IRB 120	
2	控制器	IRC5 Compact	
3	示教器	DSQC 679	
4	I/O 板	DSQC652	IRC5 Compact 控制器的标准配置
5	RobotStudio 软件	6.03	可选
6	涂胶工具		安装于机器人执行末端
7	涂胶单元		涂胶单元如图 6-1-12 所示

2. 配置涂胶工具的 I/O 信号

通过工业机器人示教器完成涂胶工具 I/O 信号的配置，并完成表 6-1-2。

表 6-1-2　涂胶工具 I/O 信号

信号地址	信号名称	信号类型
1	Tujiao_1	Digital Output

3. 配置涂胶工具的工具坐标系

通过工业机器人示教器采用四点法完成涂胶工具工具坐标系的配置，并完成表 6-1-3。

表 6-1-3　涂胶工具工具坐标系

信 号 名 称	精 度
Tujiao_Tool	0.01

4. 示教涂胶节点

通过工业机器人示教器完成涂胶单元 *A* 轨迹所有节点的示教，并完成表 6-1-4。

表 6-1-4　节 点 示 教

位置节点名称	*X* 方向坐标/mm	*Y* 方向坐标/mm	*Z* 方向坐标/mm
A_1			
A_2			
A_3			
A_4			
A_5			
A_6			

5. 编写涂胶的程序

在工业机器人示教器上编写涂胶程序，可参考如下的示例程序。

```
MODULE Ttujiao_0
    CONST jointtarget home：=[[0,0,0,0,90,0],[9E+09,9E+09,9E+09,9E+
09,9E+09,9E+09]]；!定义原点为坐标[0,0,0,0,90,0]
PROC main()
    MoveAbsJ home\NoEOffs, v1000, z50, tool0；!工业机器人运动至 home 点
    MoveL A_1, v200,fine, Tujiao_Tool；          !工业机器人运动至 A_1 节点,
                                                  速度为 200 mm/s,工具选择
                                                  为 Tujiao_Tool
    MoveL A_2, v200, fine, Tujiao_Tool；          !工业机器人运动至 A_2 节点,
                                                  速度为 200 mm/s,工具选择
                                                  为 Tujiao_Tool
    MoveL A_3, v200, fine, Tujiao_Tool；          !工业机器人运动至 A_3 节点,
                                                  速度为 200 mm/s,工具选择
                                                  为 Tujiao_Tool
    Wait Time 3；                                 !等待 3 s
    MoveL A_4, v200, fine, Tujiao_Tool；          !工业机器人运动至 A_4 节点,
                                                  速度为 200 mm/s,工具选择
                                                  为 Tujiao_Tool
    MoveL A_5, v500, fine, Tujiao_Tool；          !工业机器人运动至 A_5 节点,
                                                  速度为 500 mm/s,工具选择
                                                  为 Tujiao_Tool
    MoveL A_6, v500, fine, Tujiao_Tool；          !工业机器人运动至 A_6 节点,
                                                  速度为 500 mm/s,工具选择
                                                  为 Tujiao_Tool
    MoveL A_1, v500, fine, Tujiao_Tool；          !工业机器人运动至 A_1 节点,
                                                  速度为 500 mm/s,工具选择
                                                  为 Tujiao_Tool
    Wait Time 3；                                 !等待 3 s
    MoveAbsJ home\NoEOffs, v1000, z50, tool0；!工业机器人运动至 home 点
```

```
ENDPROC
ENDMODULE
```

6. 调试运行

在工业机器人手动模式下将程序指针恢复至程序头，再将工业机器人切换至自动模式，按下示教器上的启动按钮，工业机器人自动运行涂胶程序。将运行周期及运行时间填写至表6-1-5。

表 6-1-5   运行时间

周　期	运行时间/s
1	

检测与评价

参考工业机器人涂胶单元编程与操作评价表（表6-1-6），对工业机器人涂胶单元实训的情况进行评价，并根据完成的实际情况进行总结。

表 6-1-6   工业机器人涂胶单元编程与操作评价表

评价项目		评价要求	评分标准	分值	得分
任务内容	配置涂胶工具的 I/O 信号	能正确配置涂胶工具的 I/O 信号	结果性评分，正确 18 分，错误不得分	18	
	配置涂胶工具的工具坐标系	能正确配置涂胶工具的工具坐标系	结果性评分，正确 18 分，错误不得分	18	
	涂胶单元 A 轨迹的示教	能正确完成涂胶单元 A 轨迹的示教	结果性评分，正确 18 分，错误不得分	18	

续表

评价项目		评价要求	评分标准	分值	得分
任务内容	工业机器人涂胶程序的编写	能正确编写工业机器人涂胶程序	结果性评分，正确 18 分，错误不得分	18	
	工业机器人自动运行	工业机器人能够按照任务的要求自动运行	结果性评分，正确 18 分，错误不得分	18	
安全文明生产	设备	保证设备安全	1. 每损坏设备 1 处扣 1 分 2. 人为损坏设备倒扣 10 分	5	
	人身	保证人身安全	否决项，发生皮肤损伤、触电、电弧灼伤等，本任务不得分		
	文明生产	劳动保护用品穿戴整齐 遵守各项安全操作规程 实训结束要清理现场	1. 违反安全文明生产考核要求的任何一项，扣 1 分 2. 当教师发现重大人身事故隐患时，要立即给予制止，并倒扣 10 分 3. 不穿工作服和绝缘鞋，不得进入实训场地	5	
合计				100	

任务小结

本任务学习了涂胶单元的应用，需要根据设备实际情况，对任务实施的内容进行反复操作，熟练掌握。

思考与练习

1）根据实训设备实际情况，分组完成其他涂胶单元轨迹的练习。

2）根据实训设备实际情况，对项目五任务二的示例程序进行调试。

任务二　编程与操作工业机器人码垛单元

任务描述

完成工业机器人在码垛单元上的示教操作；完成工业机器人码垛功能的编程；完成工业机器人码垛单元的调试。

知识目标

➤ 熟悉工业机器人偏移指令。

➤ 熟悉工业机器人坐标量数组。

技能目标

➤ 能够完成工业机器人对码垛单元的示教操作。

➤ 能够完成工业机器人码垛工艺程序的编写。

➤ 能够完成工业机器人码垛工艺的自动运行。

知识准备

1. 采用工业机器人码垛的意义

码垛是将货物有序、工艺化地摆放。人和工业机器人码垛的最大区别在于采用工业机器人可节约仓库面积，工业机器人可以把货物码到最高，从而减少了使用面积，同时工业机器人还可以把已码好的货物搬运下来。这样做节约了人力资源和成本。工业机器人码垛单元如图6-2-1所示。

图6-2-1 工业机器人码垛单元

2. 应用工业机器人偏移函数

（1）偏移函数简介

工业机器人码垛需要使用偏移函数Offs，将其运用在运动指令或赋值指令当中，使零件在工件坐标系中进行偏移，从而提高码垛程序的编写效率。工业机器人偏移函数 Offs 的含义及使用示例见表 6-2-1。

表 6-2-1 工业机器人偏移函数 Offs 的含义及使用示例

示例程序 1	MoveL offs(P2,0,0,10),v1000,z50,tool1; 将工业机器人移动至距位置 P2（沿 Z 轴正方向）10 mm 的一个点
示例程序 2	P1: = offs(p1,5,10,15); 工业机器人位置 P1 沿 X 轴正方向移动 5mm，沿 Y 轴正方向移动 10 mm，沿 Z 轴正方向移动 15 mm
数据类型	Robtarget
变元	Offs(Point　Xoffset　Yoffset　Zoffset) Point：有待移动的位置数据 Xoffset：工件坐标系中 X 轴方向的位移 Yoffset：工件坐标系中 Y 轴方向的位移 Zoffset：工件坐标系中 Z 轴方向的位移

（2）应用偏移函数

通过工业机器人完成的码垛工作如图 6-2-2 所示。可以使用 Offs 函数编制程序。将各托盘定义为一个工件，将待拾取零件的列（Rows）和行（Columns）以及零件之间的距离作为输入参数，在程序外实施行和列指数的增值。码垛示意图

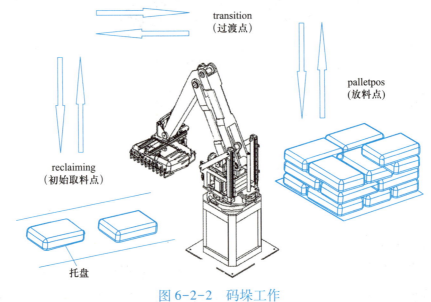

图 6-2-2 码垛工作

如图 6-2-3 所示。

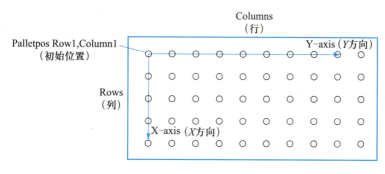

图 6-2-3　码垛示意图

在放料子程序中合理运用 Offs 函数,使主程序在每次调用该子程序时,位置坐标都能够自动计算。Offs 函数的使用格式如下。

Offs(X 轴方向_列数 * 列数方向的偏移,Y 轴方向_列数 * 行数方向的偏移)

示例程序如下。

MoveL offs(Palletpos,Rows * spacing_rows,Columns * spacing_Columns,50),V200,fine,tool0;

1)码垛示例程序用到的变量见表 6-2-2。

表 6-2-2　变　　量

变 量 名 称	变 量 类 型	变 量 说 明
Rows	num（数值）	存放托盘列的数量
Columns	num（数值）	存放托盘行的数量
Spacing_Rows	num（数值）	存放托盘列之间的间距
Spacing_Columns	num（数值）	存放托盘行之间的间距
transition	robtarget（位置数据）	过渡点的位置
reclaiming	robtarget（位置数据）	取料点的位置
palletpos	robtarget（位置数据）	放料点的位置

2)示例程序如下。

MODULE Ttujiao_0

CONST jointtarget home:=[[0,0,0,0,90,0],[9E+09,9E+09,9E+09,9E+09,

9E+09,9E+09]]; !定义原点为坐标[0,0,0,0,90,0]

VAR num Rows:=1   !定义列的数值变量

VAR num Columns:=1   !定义行的数值变量

VAR num spacing_rows:=30   !定义列之间的间隔

VAR num spacing_Columns:=30   !定义行之间的间隔

VAR robtarget transition :=[[0,0,0],[1,0,0,0][0,0,0,0],[9E9, 9E9, 9E9, 9E9, 9E9, 9E9, 9E9]]   !定义过渡点

VAR robtarget reclaiming :=[[0,0,0],[1,0,0,0][0,0,0,0],[9E9, 9E9, 9E9, 9E9, 9E9, 9E9, 9E9]]   !定义取料点

VAR robtarget palletpos :=[[0,0,0],[1,0,0,0][0,0,0,0],[9E9, 9E9, 9E9, 9E9, 9E9, 9E9, 9E9]]   !定义放料点

PROC main( )

FOR Fnum_0 FROM 1 TO 10 DO   !编写行的循环

FOR Fnum_1 FROM 1 TO 5 DO   !编写列的循环

Zhua;   !调用取料的子程序

Fang;   !调用放料的子程序

Rows := Rows+1;   !列递增

ENDFOR

Rows :=1;   !列清零,一整列循环结束时,列数回
                                      到第一列

Columns:= Columns+1;   !行递增

ENDFOR

ENDPROC

PROC zhua( )

MoveAbsJ home \ NoEOffs, v1000, z50, tool0;   !工业机器人运动至
                                                      home 点

MoveL offs(reclaiming,0,0,200),V200,fine,tool0;   !工业机器人移动至取

料点上方 200 mm 处

```
MoveL reclaiming,V200,fine,tool0;              !工业机器人移动至取
                                                料点
Wait time 0. 5;                                !等待 0. 5 s
Set getput;                                     !抓取手爪夹紧
Wait time 0. 5;                                !等待 0. 5 s
MoveL offs（reclaiming,0,0,200）,V1000,fine,tool0;   !工业机器人移动至取
                                                料点上方 200 mm 处
ENDPROC
PROC fang（）
MoveL reclaiming,V200,fine,tool0;
MoveL offs（Palletpos, Rows ＊spacing_rows, Columns ＊ spacing_Columns,0）,
V200,fine,tool0;                               !工业机器人移动至放
                                                料点
Wait time 0. 5;                                !等待 0. 5 s
reset getput                                    !抓取手爪松开
Wait time 0. 5;                                !等待 0. 5 s
MoveL offs（Palletpos, Rows ＊spacing_rows, Columns ＊ spacing_Columns,50）,
V200,fine,tool0;                        !工业机器人移动至放料点上方 200 mm 处
MoveL reclaiming,V200,fine,tool0;
ENDPROC

ENDMODULE
```

3. 应用工业机器人坐标量数组

（1）建立坐标量数组

坐标量数组建立的操作步骤如下。单击示教器主菜单（图 6-2-4）的"程序数据"。

图 6-2-4   示教器主菜单

进入"程序数据"界面（图6-2-5）后，单击"视图"选择"全部数据类型"，选中想要建立数组的数据类型，如想要建立坐标位置量的数组则选中"robtarget"。

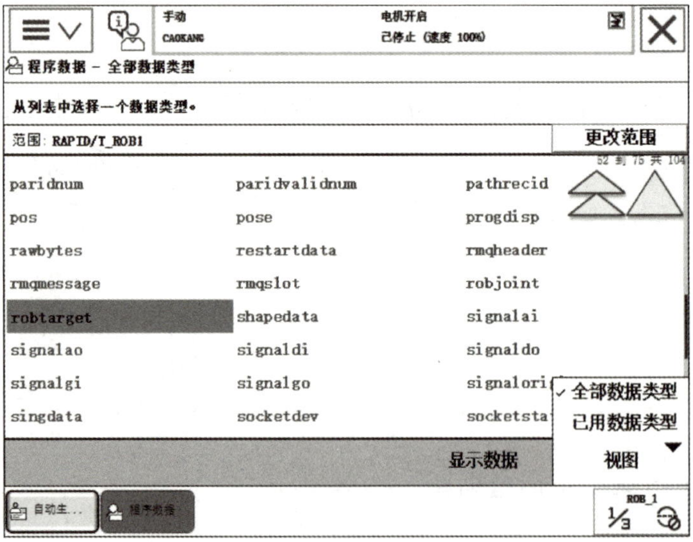

图 6-2-5   "程序数据"界面

单击"新建…"，如图6-2-6所示。

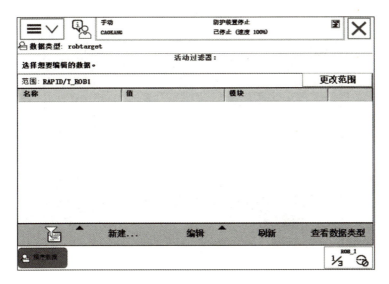

图 6-2-6 "新建…"

修改数组名称，选择"维数"，在菜单中选择需要使用的维数，如图 6-2-7 所示。

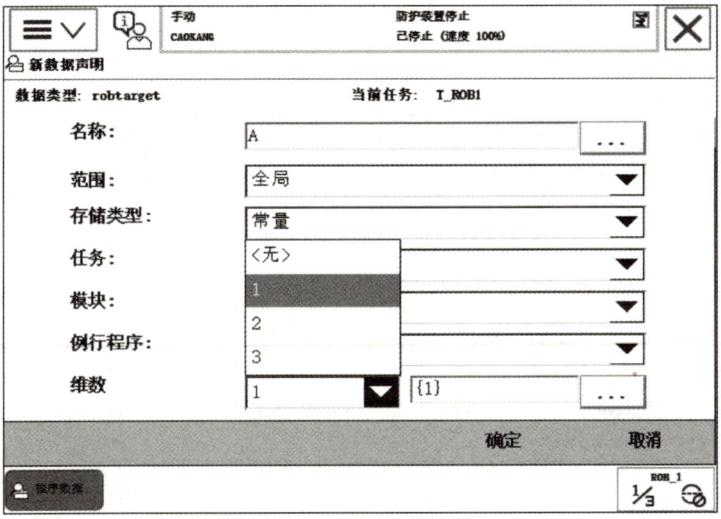

图 6-2-7 选择维数

单击维数右边的按钮 ，定义数组的大小，如图 6-2-8 所示。

单击"确定"后，数组 A 建立完成，如图 6-2-9 所示。

单击数组 A 可以查看当前数组 A 中记录的数据，如图 6-2-10 所示。

图 6-2-8　定义数组的大小

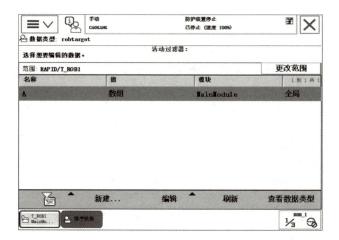

图 6-2-9　数组 A 建立完成

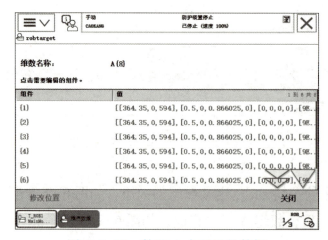

图 6-2-10　数组 A 中记录的数据

（2）应用数组

如需完成如图6-2-11所示的垛型，可以使用Offs函数，将托盘的每一个位置的偏移量记录在数组中（表6-2-3），再使用循环命令递增数组变元的方法完成托盘的码垛。

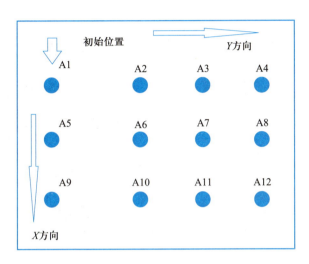

图6-2-11　垛型

表6-2-3　偏移量数组

数 组 名 称	变元{i}	数 据	数 组 名 称	变元{i}	数 据
X_fangxiang	1	0	Y_fangxiang	1	0
	2	A1 到 A5 的偏移数据		2	A1 到 A2 的偏移数据
	3	A1 到 A9 的偏移数据		3	A1 到 A3 的偏移数据
				4	A1 到 A4 的偏移数据

在放料程序当中合理运用数组同Offs函数的结合，使主程序在每次调用该子程序时，位置坐标都能够自动计算。数组表示方法如下。

X_fangxiang{i_1}，X_fangxiang{i_2}

示例程序如下。

MoveL offs（Palletpos，X_fangxiang｛Rows｝，X_fangxiang｛Columns｝，50），V200，fine，tool0；

1）应用数组的示例程序所要用到的变量见表6-2-4。

表6-2-4　变　　量

变量名称	变量类型	变量说明
Rows	num（数值）	存放码垛托盘列的数量
Columns	num（数值）	存放码垛托盘行的数量
Spacing_rows	num（数值）	存放码垛托盘列之间的间距
Spacing_Columns	num（数值）	存放码垛托盘行之间的间距
transition	robtarget（位置数据）	过渡点的位置
reclaiming	robtarget（位置数据）	取料点的位置
palletpos	robtarget（位置数据）	放料点的位置

2）示例程序如下。

VAR num Columns：=1

VAR num Rows ：=1　　　　　　　!其余定义程序参考偏移函数示例程序

PROC main（）

FOR Fnum_0 FROM 1 TO 4 DO !编写行的循环

FOR Fnum_1 FROM 1 TO 3 DO !编写列的循环

Zhua；　　　　　　　　　　　!调用取料的子程序，取料程序参考偏移函数示例程序

Fang；　　　　　　　　　　　!调用放的子程序

Rows ：= Rows+1；　　　　　!列递增

ENDFOR

Rows ：=0；　　　　　　　　　!列清零，一整列循环结束时，列数回到第一列

Columns：= Columns+1；　　　!行递增

ENDFOR

ENDPROC

PROC fang( )

MoveL reclaiming,v200,fine,tool0;

MoveL offs（Palletpos,X_fangxiang｛Rows｝, X_fangxiang｛Columns｝,0）,V200,

fine,tool0;　　　　　　　　　　!工业机器人移动至放料点

Wait time 0.5;　　　　　　　　!等待0.5 s

reset getput　　　　　　　　　!抓取手爪松开

Wait time 0.5;　　　　　　　　!等待0.5 s

MoveL offs （Palletpos,X_fangxiang｛Rows｝, X_fangxiang｛Columns｝,50）,

V200,fine,tool0;　　　　　　　!工业机器人移动至放料点上方200 mm处

MoveL reclaiming,v200,fine,tool0;

ENDPROC

任务实施

　　通过工业机器人完成如图6-2-12所示码垛单元的码垛。工业机器人从平台A下方逐一拾取物料，放置到平台B。要求的垛型如图6-2-13所示。在运行过程中不允许出现碰撞。

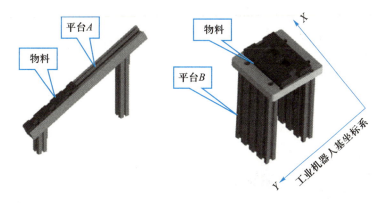

图6-2-12　码垛单元

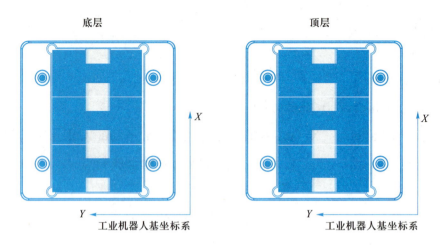

图 6-2-13　垛型

1. 任务器材配置

完成本任务的器材配置，并完成表 6-2-5，具体型号或版本号可根据实训室配置调整。

表 6-2-5　器 材 配 置

序　号	名　称	型号或版本号	备　注
1	工业机器人本体	IRB-120	
2	控制器	IRC5 Compact	
3	示教器	DSQC 679	
4	I/O 板	DSQC652	IRC5 Compact 控制器的标准配置
5	RobotStudio 软件	6.03	可选
6	码垛夹爪工具		安装于工业机器人执行末端
7	码垛单元		码垛单元如图 6-2-12 所示

2. 配置码垛工具的 I/O 信号

通过工业机器人示教器完成码垛夹爪工具 I/O 信号的配置，并完成表 6-2-6。

表 6-2-6 码垛夹爪工具 I/O 信号

信 号 地 址	信 号 名 称	信 号 类 型
1	jiazhua_1	Digital Output

3. 配置码垛工具的工具坐标系

通过工业机器人示教器采用四点法完成码垛夹爪工具工具坐标系的配置，并完成表 6-2-7。

表 6-2-7 码垛夹爪工具工具坐标系

信 号 名 称	精度/mm
jiazhua_Tool	0.01

4. 示教码垛单元的节点位置

通过工业机器人示教器完成码垛单元所需节点的示教，并完成表 6-2-8。

表 6-2-8 位 置 节 点

位置节点名称	X 方向坐标/mm	Y 方向坐标/mm	Z 方向坐标/mm

5. 编写码垛单元的程序

在工业机器人示教器上编写码垛工艺的程序，可参考偏移函数及数组示例程序。

6. 调试运行

在工业机器人手动模式下将程序指针恢复至程序头，再切换至自动模式，按下示教器上的启动按钮，工业机器人自动运行码垛程序。将运行周期及运行时间填写至表6-2-9。

表6-2-9　运行时间

周　　期	运行时间/s
1	

检测与评价

参考工业机器人码垛单元编程与操作评价表（表6-2-10），对工业机器人码垛单元实训的情况进行评价，并根据完成的实际情况进行总结。

表6-2-10　工业机器人码垛单元编程与操作评价表

评价项目		评价要求	评分标准	分值	得分
任务内容	配置码垛工具的I/O信号	能正确配置码垛工具的I/O信号	结果性评分，正确18分，错误不得分	18	

续表

评价项目		评价要求	评分标准	分值	得分
任务内容	配置码垛工具的工具坐标系	能正确配置码垛工具的工具坐标系	结果性评分，正确18分，错误不得分	18	
	码垛单元节点位置的示教	能正确完成码垛单元节点位置的示教	结果性评分，正确18分，错误不得分	18	
	工业机器人码垛程序的编写	能正确编写工业机器人码垛程序	结果性评分，正确18分，错误不得分	18	
	工业机器人自动运行	工业机器人能够按照任务的要求自动运行	结果性评分，正确18分，错误不得分	18	
安全文明生产	设备	保证设备安全	1. 每损坏设备1处扣1分 2. 人为损坏设备倒扣10分	5	
	人身	保证人身安全	否决项，发生皮肤损伤、触电、电弧灼伤等，本任务不得分		
	文明生产	劳动保护用品穿戴整齐 遵守各项安全操作规程 实训结束要清理现场	1. 违反安全文明生产考核要求的任何一项，扣1分 2. 当教师发现重大人身事故隐患时，要立即给予制止，并倒扣10分 3. 不穿工作服和绝缘鞋，不得进入实训场地	5	
合计				100	

任务小结

　　本任务学习了码跺单元的应用，需要根据设备实际情况，对任务实施的内容进行反复操作，熟练掌握。

思考与练习

　　根据实训设备实际情况，分组完成码跺单元的编程与操作。

项目七
工业机器人综合应用案例分析

项目概述

  工业机器人的应用包括焊接、喷漆、组装、分拣和放置、产品检测和测试等。 实际生产中，工业机器人常同其他设备一起综合应用于生产线上，具有高效性、持久性、准确性等特点。 本项目将要分析工业机器人分拣生产线，并学习相关的编程与操作方法。

  通过本项目的学习，应具备会编写及调试生产线简单程序的能力。

任务一　分析工业机器人分拣生产线

任务描述

备份生产线中工业机器人程序、I/O 信号及系统参数。

知识目标

➤ 熟悉工业机器人分拣生产线。
➤ 熟悉生产线中工业机器人的程序备份、I/O 信号备份及系统参数备份的方法。

技能目标

➤ 会备份生产线中工业机器人的程序、I/O 信号及系统参数。

知识准备

1. 认识工业机器人分拣生产线

生产流水线（简称生产线）是在一定的生产线路上连续输送货物或搬

运机械。工业机器人 PCB（印制电路板）分拣生产线以机器人为核心部件，融入了工具快换、可编程逻辑控制器、气动技术、传感器、智能视觉检测等先进应用技术，使 PCB 异形芯片插件的分拣更为便利。图 7-1-1 所示是工业机器人 PCB 分拣生产线教学设备，为方便教学还融入了电子产品生产行业中最为典型的涂胶、码垛、装配等工作任务。

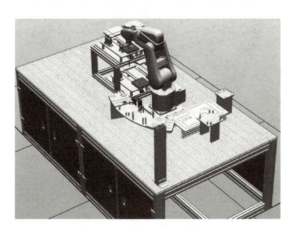

图 7-1-1 工业机器人 PCB 分拣生产线教学设备

（1）机械部分

工业机器人 PCB 分拣生产线的机械部分由原料与废料工作台、分拣工作台、涂胶工作台，以及工作站配套工具等组成。

1）原料与废料工作台。图 7-1-2 所示为原料与废料工作台。原废料库是放置 PCB 芯片的必备装置，原废料库左右对称。

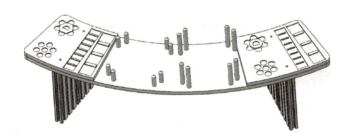

图 7-1-2 原料与废料工作台

2）分拣工作台。图 7-1-3 所示为分拣工作台，分拣工作台由四个装配工位和四个检测工位组成，PCB 在装配工位上组装完成后会被自动送入检测工位，由发光光源进行模拟检测。

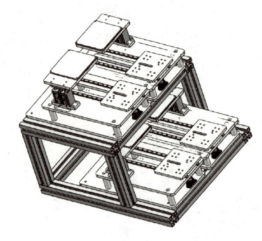

图 7-1-3　分拣工作台

3）涂胶工作台。图 7-1-4 所示为涂胶工作台，工业机器人可携带涂胶工具模拟涂胶枪在轨迹板上完成固定的轨迹过程。

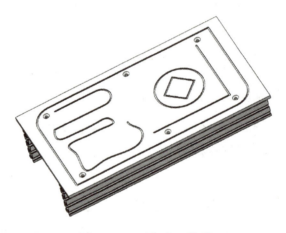

图 7-1-4　涂胶工作台

4）工作站配套工具。图 7-1-5 所示为工作站配套工具。尖点工具可以完成 TCP 的标定，也可以在实训中当成涂胶工具使用；吸盘工具利用负压完成芯片的拾取。

（2）电气部分

电气服务于机械，与机械一起组成自动化生产线，完成生产工艺。工业机器

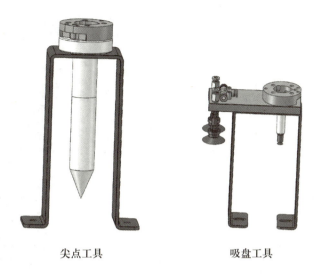

尖点工具   吸盘工具

图 7-1-5 工作站配套工具

人 PCB 分拣生产线的电气部分由总控系统、视觉单元等组成。

1）总控系统。总控系统由西门子 SIMATIC S7-200 SMART SR60 CPU 模块携带数字量输出模块 EM DR08 构成，如图 7-1-6 所示。

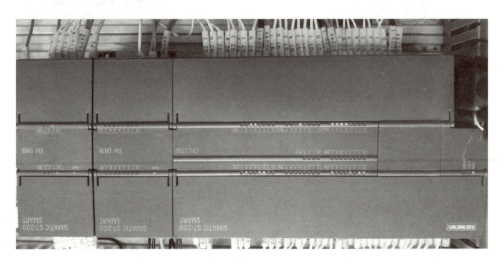

图 7-1-6 总控系统

2）视觉单元。视觉单元包含图像采集设备和图像处理设备，图像采集设备由一个 CCD 镜头和辅助 LED 光源组成，如图 7-1-7 所示。图像处理控制系统由 OMRON FH 系列处理器（图 7-1-8）和一台彩色显示器组成。

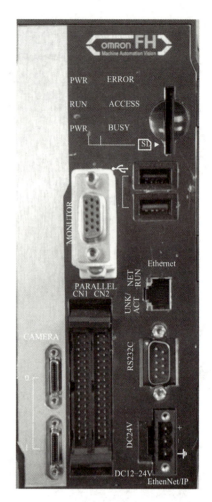

图 7-1-7 CCD 镜头和辅助 LED 光源   图 7-1-8 OMRON FH 系列处理器

2. 熟悉设备装调技术规范

装配和调试工业机器人分拣生产线是应用的基础，装配和调试过程应严格遵守设备装调技术规范。设备装调技术规范主要有三个部分，即机械装调技术规范、电气装调技术规范和气动装调技术规范。

（1）机械装调技术规范

设备机械的安装与调试有相应的技术规范要求，表 7-1-1 列举了机械装调技术规范要求及示例。

表 7-1-1　机械装调技术规范要求及示例

序　号	要　　求	正 确 示 例	错 误 示 例
1	型材板上的线缆和气管分开绑扎		
2	当线缆和气管都作用于同一个活动模块时，允许绑扎在一起		
3	扎带切割后剩余长度需≤1mm，以免伤人		
4	软线缆或拖链的输入和输出端需要用扎带固定		
5	所有沿着型材向下走的线缆和气管（例如 PP 站点处的线管）在安装时需要使用线夹固定		

续表

序 号	要 求	正 确 示 例	错 误 示 例
6	扎带的间距≤50 mm。这一间距要求同样适用于型材台面下方的线缆。PLC和系统之间的I/O布线不在检查范围内		
7	线缆托架的间距≤120 mm。唯一可以接受的固定线缆、气管的方式是使用传导性线缆托架	单根线缆用绑扎带固定在线缆托架上 	单根线缆没有紧固在线缆托架上

续表

序　号	要　　求	正 确 示 例	错 误 示 例
8	第一根扎带离阀岛气管接头连接处的最短距离为60 mm±5 mm		
9	工具不得遗留到工作站上或工作区域地面上		
10	工作站上不得留有未使用的零部件和工件		

续表

序 号	要 求	正确示例	错误示例
11	所有系统组件和模块必须固定，所有信号终端也必须固定		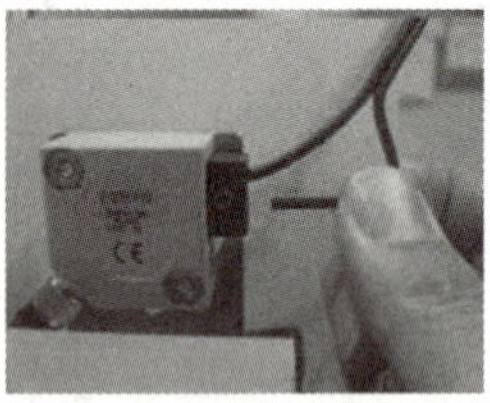

（2）电气装调技术规范

设备电气线路的安装与调试有相应的技术规范要求，表7-1-2列举了电气装调技术规范要求及示例。

表 7-1-2　电气装调技术规范要求及示例

序号	要 求	正确示例	错误示例
1	冷压端子处不能看到外露的裸线	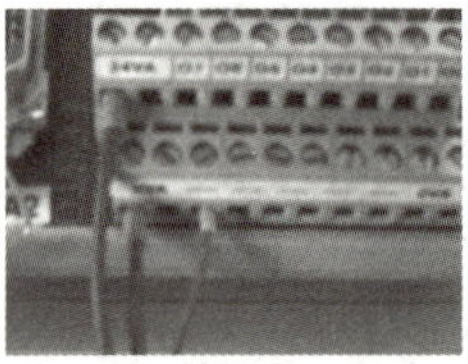	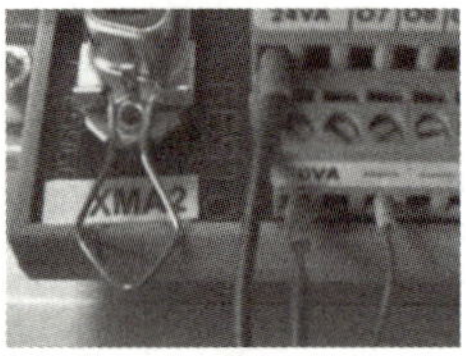
2	将冷压端子插到终端模块中	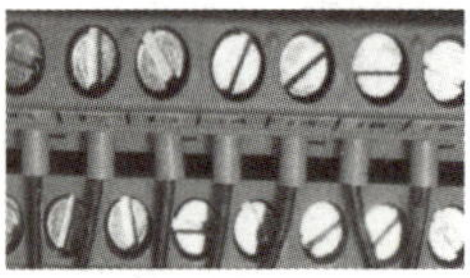	不允许冷压端子未绝缘部分外露 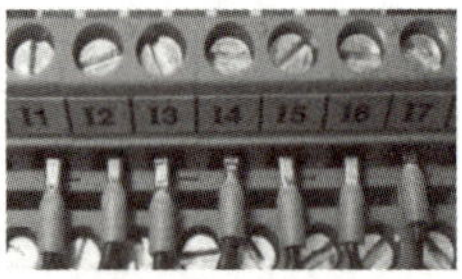
3	所有螺钉终端处接入的线缆必须使用正确尺寸的绝缘冷压端子。可用的尺寸为 $0.25\,mm^2$、$0.5\,mm^2$、$0.75\,mm^2$，夹钳连接除外（冷压端子只用于螺钉）	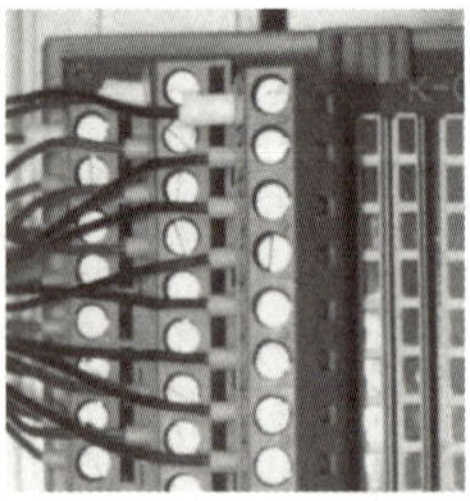	 

序号	要　　求	正 确 示 例	错 误 示 例
4	使用夹钳连接时可以不用冷压端子		
5	线槽中的线缆必须有至少 10 mm 预留长度。同一个线槽里的短接线，没必要预留		
6	需要剥掉线槽里线缆的外部绝缘层		外部绝缘层不得超出线槽
7	线槽必须全部合实，所有槽齿必须盖严		

续表

序号	要　　求	正 确 示 例	错 误 示 例
8	要移除多余的线槽齿口，注意线槽不得更换		
9	不得损坏线缆绝缘层，裸线不得外露		
10	线缆、气管需要剪到合适长度，并且线缆、气管圈不得伸到线槽外		
11	穿过 DIN 轨道或者绕尖角布局的导线必须使用两个线夹子固定		

续表

序号	要 求	正 确 示 例	错 误 示 例
12	线槽和接线端子之间的线缆不能交叉。每个线槽只允许同一个传感器或驱动器连接走线	 	 
13	线缆中不用的线必须绑到使用的线上，长度必须剪到和使用的那根长度一样，并且必须保留绝缘层，以防发生触点闭合。该要求适用于线槽内外的所有线缆	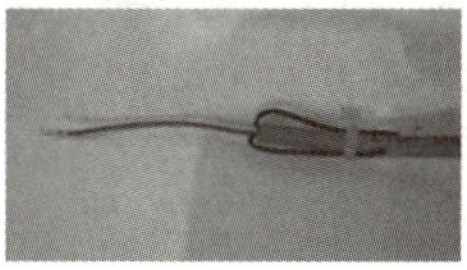	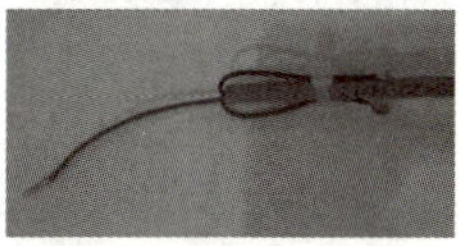 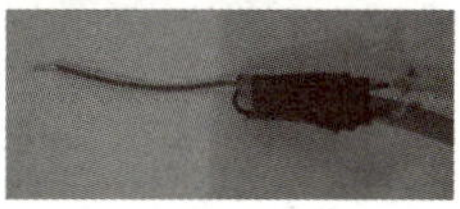

（3）气动装调技术规范

设备气动部件的安装与调试有相应的技术规范要求，表7-1-3列举了气动部件装调技术规范要求及示例。

表7-1-3 气动部件装调技术规范要求及示例

序号	要 求	正 确 示 例	错 误 示 例
1	不得因为气管折弯、扎带太紧等原因造成气流受阻		
2	气管不得从线槽中穿过（气管不可放入线槽内）	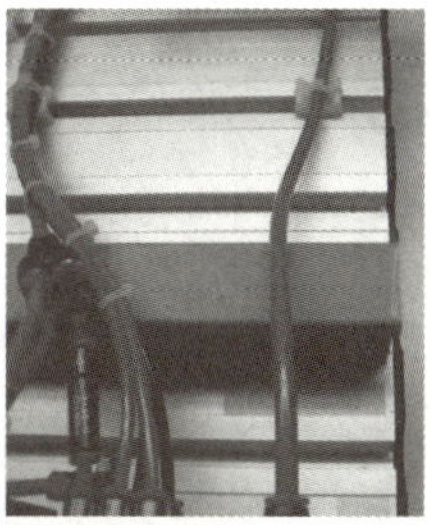	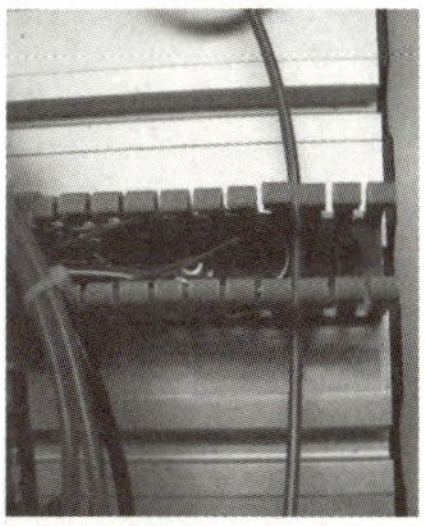
3	所有的气动连接处不得发生泄漏		

3. 备份和恢复生产线中工业机器人程序、I/O 信号及系统参数

定期对工业机器人的数据进行备份，是保证工业机器人正常操作的良好习惯。工业机器人数据备份的对象是所有正在系统内运行的 RAPID 程序、I/O 信号及系统参数。当工业机器人系统出现错误或安装新系统时，可通过恢复备份文件的方法快速地将工业机器人恢复到备份时的状态。

建议在以下时间执行备份。

1）在安装新 RobotWare（RobotWare 是 ABB 工业机器人仿真软件需要用到的系统版本）之前。

2）在对指令、I/O 信号或参数进行重要更改以使其恢复为先前设置之前。

3）在对指令、I/O 信号或参数进行重要更改并为成功进行新的设置而对新设置进行测试之后。

建议在以下时间执行恢复。

1）有任何理由怀疑程序文件被破坏时。

2）对指令或参数的设置做了任何不成功的修改时。

（1）备份和恢复生产线中工业机器人程序

1）备份生产线中工业机器人程序。在示教器主菜单（图 7-1-9）单击"程序编辑器"。

图 7-1-9　示教器主菜单

选择要备份的模块，单击"文件"（图7-1-10），单击"另存模块为"。

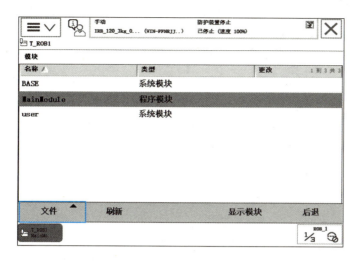

图7-1-10　"文件"

选择程序模块备份的路径（图7-1-11），单击"确定"，完成程序模块备份。

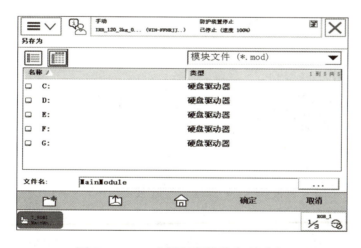

图7-1-11　选择程序模块备份路径

2）恢复生产线中工业机器人程序。在示教器主菜单（图7-1-12）单击"程序编辑器"。

单击"文件"（图7-1-13），单击"加载程序"。

选择需要恢复的程序模块（图7-1-14），单击"确定"，完成程序模块恢复。

（2）备份和恢复生产线中工业机器人的I/O信号

1）备份EIO文件。在示教器主菜单（图7-1-15）单击"控制面板"。

图 7-1-12 示教器主菜单

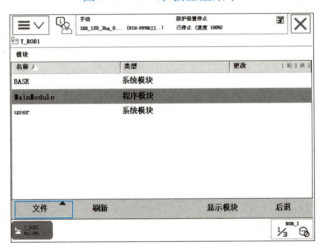

图 7-1-13 "文件"

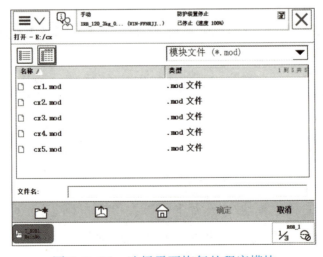

图 7-1-14 选择需要恢复的程序模块

图 7-1-15　示教器主菜单

单击"配置",如图 7-1-16 所示。

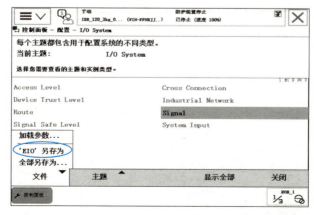

图 7-1-16　"配置"

单击"文件",单击"'EIO'另存为",如图 7-1-17 所示。

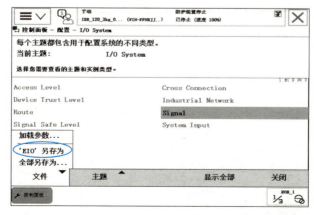

图 7-1-17　"'EIO'另存为"

选择备份路径，如图 7-1-18 所示，单击"确定"。

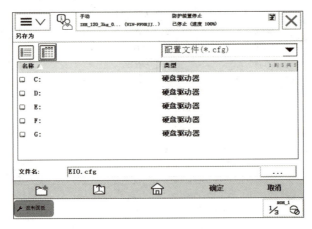

图 7-1-18 选择备份路径

2）恢复 EIO 文件。在示教器主菜单（图 7-1-19）单击"控制面板"。

图 7-1-19 示教器主菜单

单击"配置"，如图 7-1-20 所示。

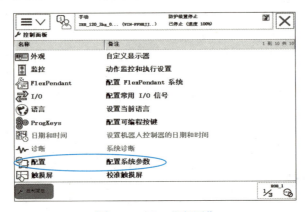

图 7-1-20 "配置"

单击"文件",单击"加载参数...",如图7-1-21所示。

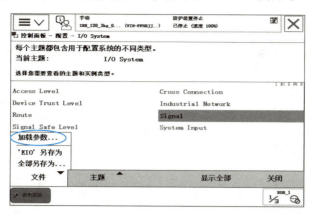

图7-1-21 "加载参数..."

一般选择"删除现有参数后加载"（图7-1-22），单击"加载..."。

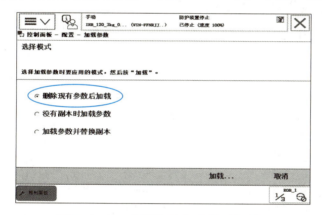

图7-1-22 "删除现有参数后加载"

选择需要恢复的文件（图7-1-23），单击"确定"。

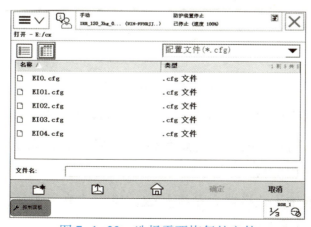

图7-1-23 选择需要恢复的文件

在重启界面（图 7-1-24）单击"是"，完成 EIO 文件恢复。

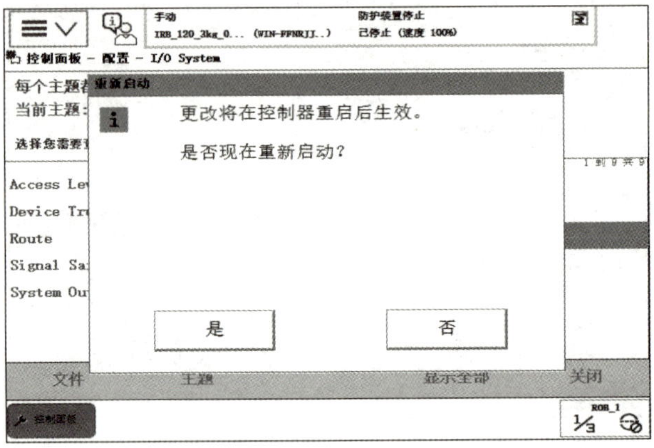

图 7-1-24　重启界面

（3）备份和恢复生产线中工业机器人系统参数

1）备份生产线中工业机器人系统参数。在示教器主菜单（图 7-1-25）单击"备份与恢复"。

图 7-1-25　示教器主菜单

单击"备份当前系统…"，如图 7-1-26 所示。

如图 7-1-27 所示，单击"ABC…"编辑文件名，建议加上备份日期便于恢复时寻找。可以在"备份路径"中选择文件备份路径，把系统备份到 U 盘中。单击"备份"，等待备份完成。

2）恢复生产线中工业机器人系统参数。单击"恢复系统…"，如图 7-1-28 所示。恢复功能仅限于本机备份文件。

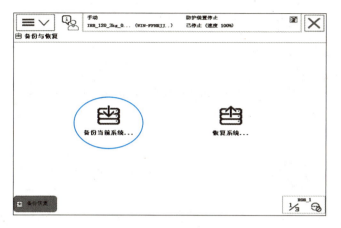

图 7-1-26 "备份当前系统…"

图 7-1-27 备份当前系统

图 7-1-28 "恢复系统…"

选择之前备份的文件夹，如图 7-1-29 所示。

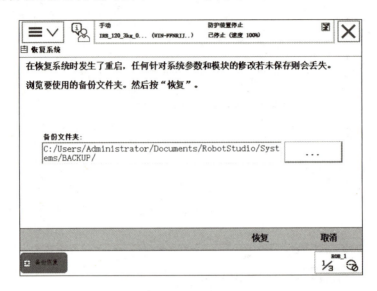

图 7-1-29 选择之前备份的文件夹

选择需要恢复的数据，如图 7-1-30 所示，点击"确定"。

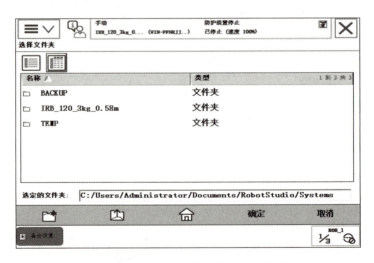

图 7-1-30 选择需要恢复的数据

如图 7-1-31 所示，单击"是"，等待完成恢复。注：恢复执行后，系统会自动重启，恢复完成后一定要检查系统是否恢复正确。

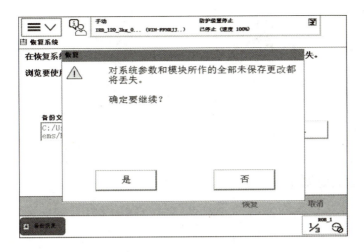

图 7-1-31 恢复系统确定

任务实施

按表 7-1-4 的步骤备份生产线中工业机器人程序、I/O 信号及系统参数。在任务实施前务必对设备进行安全检查，完成主要工作任务后，还需要对设备的功能进行验证，保证设备的完好。

表 7-1-4 备份生产线中工业机器人程序、I/O 信号及系统参数

步骤序号	任 务 名 称	实 施 要 点	备注
1	安全检查	严格遵守安全操作规程，并做好设备的初始数据备份	
2	备份生产线中工业机器人程序	严格按照程序备份步骤操作	
3	备份生产线中工业机器人 I/O 信号	严格按照 I/O 信号备份步骤操作	
4	备份生产线中工业机器人系统参数	严格按照系统参数备份步骤操作	
5	恢复生产线中工业机器人程序	先删除生产线中工业机器人程序 恢复后进行程序验证操作	
6	恢复生产线中工业机器人 I/O 信号	先删除生产线中工业机器人 I/O 信号 恢复后进行 I/O 操作验证	
7	恢复生产线中工业机器人系统参数	先删除生产线中工业机器人系统参数 恢复后查看参数，并验证	
8	设备功能检查	调试设备至功能正常，并做好记录	

检测与评价

参考工业机器人数据备份检测与评价表（表7-1-5），对工业机器人生产线中工业机器人程序、I/O信号及系统参数备份操作进行评价，并根据完成的实际情况进行总结。

表7-1-5　工业机器人数据备份检测与评价表

	评价项目	评价要求	评分标准	分值	得分
任务内容	备份生产线中工业机器人程序	能正确备份生产线中工业机器人程序	结果性评分，正确30分，错误不得分	30	
	备份生产线中工业机器人I/O信号	能正确备份生产线中工业机器人I/O信号	结果性评分，正确30分，错误不得分	30	
	备份生产线中工业机器人系统参数	能正确备份生产线中工业机器人系统参数	结果性评分，正确30分，错误不得分	30	
安全文明生产	设备	保证设备安全	1. 每损坏设备1处扣1分 2. 人为损坏设备倒扣10分	5	
	人身	保证人身安全	否决项，发生皮肤损伤、触电、电弧灼伤等，本任务不得分		
	文明生产	劳动保护用品穿戴整齐 遵守各项安全操作规程 实训结束要清理现场	1. 违反安全文明生产考核要求的任何一项，扣1分 2. 当教师发现重大人身事故隐患时，要立即给予制止，并倒扣10分 3. 不穿工作服和绝缘鞋，不得进入实训场地	5	
合计				100	

任务小结

　　本任务要求会备份和恢复生产线中工业机器人程序、I/O 信号及系统参数。完成任务的同时，要求熟悉工业机器人分拣生产线，并对任务实施的内容进行反复操作，熟练掌握。

思考与练习

　　1）　如何不使用示教器完成 I/O 信号的分配？

　　2）　如何不使用示教器完成程序数据的添加？

任务二　工业机器人分拣生产线编程与操作

任务描述

　　设置视觉系统相关参数，分析综合案例任务书，编写分拣机器人程序。

知识目标

　　➢ 熟悉视觉系统相关参数的设置步骤。

技能目标

➤ 会设置视觉系统相关参数。
➤ 能理解综合案例任务书工业机器人程序。

知识准备

1. 熟悉综合案例

某公司是国内大型电子产品生产企业，主要业务为电子产品的制造、装配代工。该公司接到新订单，需要完成对相同尺寸、不同产品 PCB 异形芯片的插件操作，并完成 PCB 装配、涂胶、紧固螺钉（图 7-2-1）及搬运码垛的后续生产工作。公司决定开发一款自动化生产线，利用工业机器人代替人工完成生产工作。

图 7-2-1 PCB 装配、涂胶、紧固螺钉

目前工业机器人系统已经基本完成搭建工作，还有一部分后续工作需要完成，具体工作内容如下。

（1）工业机器人机械及电气系统安装与调试

1）工业机器人线缆连接与调试。根据图样，并准备相应的安装工具，将工业机器人控制器线缆与本体连接起来，工业机器人线缆连接示意图如图 7-2-2 所示。要求插头方向正确，锁扣锁紧，工业机器人能正常手动运行（与现场指导教师确认后方可上电）。

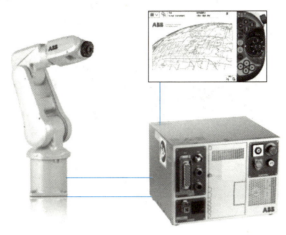

图 7-2-2　工业机器人线缆连接示意图

2）工业机器人快换装置的安装。根据工业机器人法兰盘图样以及实际情况，将快换装置安装在工业机器人的末端法兰，且调整到合理位置；将气管正确接到快换装置上，通过手动调试能将涂胶工具夹住；快换装置应紧固连接，不能有松动。工业机器人快换装置安装示意图如图 7-2-3 所示。

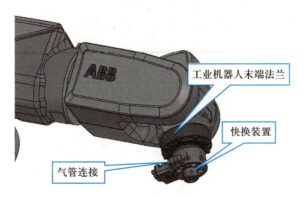

图 7-2-3　工业机器人快换装置安装示意图

3）装配单元的机械安装。根据装配图和工艺要求，对由铝合金支承件、导轨、滑块、无杆气缸、传感器、装配板等组成的装配单元完成机械安装操作，要求安装完成后，装配板可以顺滑地在导轨上滑动，无明显阻碍，气路及传感器布线合理美观。装配单元示意图如图 7-2-4 所示。

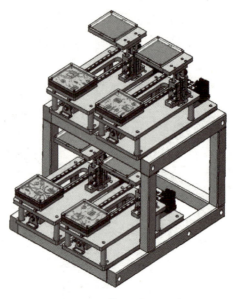

图 7-2-4　装配单元示意图

4) 空气过滤器的安装与调试。根据图样，并准备相应的安装工具，为工作站安装空气过滤器，要求空气过滤器安装正确，进出气管安装牢固。空气过滤器如图 7-2-5 所示。

图 7-2-5　空气过滤器

5) 气路电磁阀的安装与调试。完成工业机器人快换装置的气路连接，并连接控制工业机器人快换装置气路的电磁阀电气线路，能通过示教器 I/O 信号控制，实现快换装置对工具的夹紧和松开动作。电气线路连接如图 7-2-6 所示。

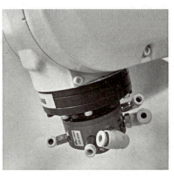

图 7-2-6　电气线路连接

6）工业机器人 I/O 信号连接与调试。示教器可监测外部各传感器信号状态，触摸屏上对每个信号有相应的指示灯。使用提供的线缆，将传感器与 PLC、工业机器人之间关联起来，实现当传感器有物体感应时，屏幕上对应的指示灯亮，无物体感应时，屏幕上对应的指示灯灭。I/O 信号连接示意图如图 7-2-7 所示。

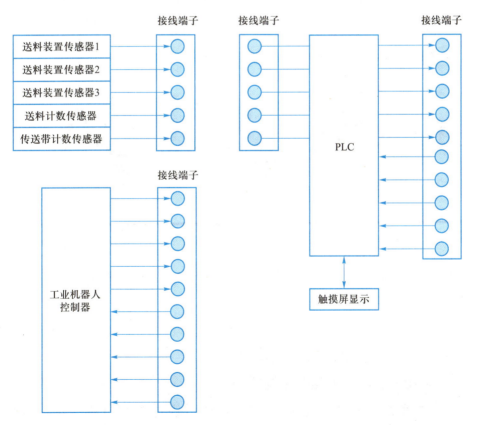

图 7-2-7　I/O 信号连接示意图

（2）异形芯片插件操作

1）测量所需的工业机器人 TCP，通过示教器建立新工具坐标系，测量末端执行器的 TCP 值，要求平均误差在允许范围内。

2）用示教操作，为工业机器人编制程序，工业机器人末端工具可自动更换为吸盘工具。

3）异形芯片安装要求：工位 1 和工位 2 分别摆放 AO3、AO4 产品，产品上安装蓝色芯片、灰色集成电路、黄色三极管和电容；工位 3 和工位 4 分别摆放 AO5、AO6 产品，产品上安装灰色芯片、红色集成电路和三极管、黄色电容。需通过视觉系统识别产品中不符合要求的芯片，将其放入废料区空位（原料区、废料区和产品区中未摆放任何芯片的位置，称为空位），具体运行程序参考主程序中的 t3_1（见下文），然后在原料区拾取芯片并通过视觉系统识别，将符合要求的芯片准确放入 PCB，具体运行程序参考主程序中的 t3_2（见下文）。只可使用吸盘工具对芯片空位进行探测；在探测出空位后不得再出现吸盘上无物料空吸现象；在拾取和安装芯片过程中，芯片不得掉落。原料区与回收区芯片初始状态如图 7-2-8 所示，产品芯片初始状态如图 7-2-9 所示。

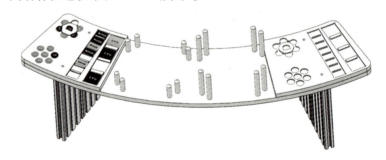

图 7-2-8　原料区与回收区芯片初始状态

4）用示教器编制程序，工业机器人从原料区抓取盖板放置到产品上，具体运行程序参考主程序中的 t4（见下文）。

5）用示教器编制程序，工业机器人更换螺钉旋具，从螺钉供料机中吸取螺钉，在产品的四角处完成锁螺钉工序，使盖板与产品紧固在一起。

（3）视觉设置、PLC 编程及系统联调

1）对视觉系统的检测参数进行设置，通过视觉检测分辨当前芯片的颜色、形状和位置，剔除不合格芯片，将所提取的特征数据传输到工业机器人控制器中。

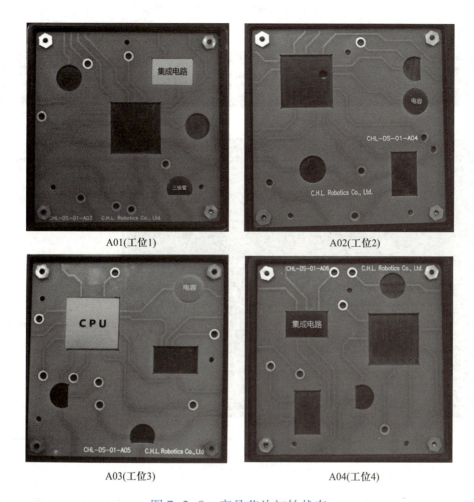

图 7-2-9　产品芯片初始状态

2）编制 PLC 程序，当工业机器人完成对 PCB 上所有芯片的安装后，将产品推入检测位置进行测试，优良品亮绿灯，残次品亮红灯。完成检测后，将产品推回到安装位置。

3）利用 PLC 和工业机器人联合编程，自动完成所有的工作内容，要求全程无人工参与。

2. 熟悉工业机器人视觉系统

（1）视觉系统相关参数的设置步骤

1）设备上电，在最初状态下，视觉单元的显示器上将显示如图 7-2-10 所示的视觉初始界面。

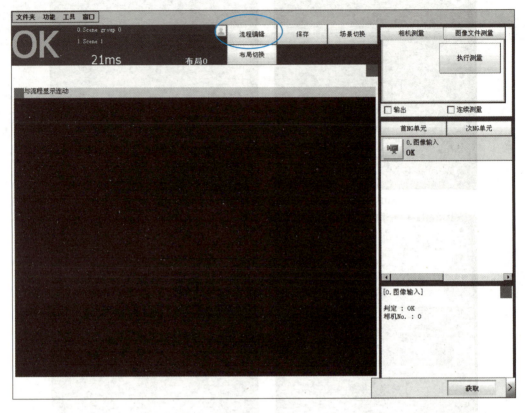

图 7-2-10　视觉初始界面

2）单击"流程编辑"进入流程编辑界面，分别插入形状搜索Ⅲ，显示如图 7-2-11 所示形状搜索界面。

3）选择左侧已插入的"1. 形状搜索Ⅲ"，单击设定按钮，进入如图 7-2-12 所示的工件模型设定界面。

4）单击圆形按钮，将出现的圆调整到要检测的字符上，选择"保存模型登录图像"，单击"确定"，显示如图 7-2-13 所示的登录图形界面。

5）设定完成后，单击"确定"退出到如图 7-2-14 所示的串行数据输出设定界面，单击"2. 串行数据输出"，单击"设定"，进入如图 7-2-15 所示的串行数据输出编辑界面。

6）选择 N0.0，进入如图 7-2-16 所示表达式设定界面。

7）在下拉列表中选择"1. 形状搜索Ⅲ"，如图 7-2-17 所示。

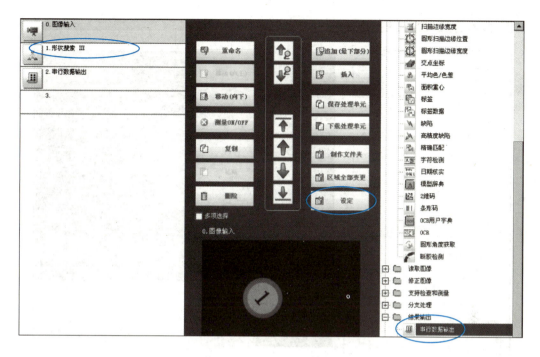

图 7-2-11　形状搜索界面

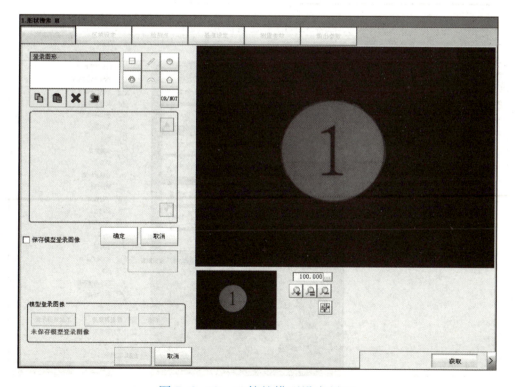

图 7-2-12　工件的模型设定界面

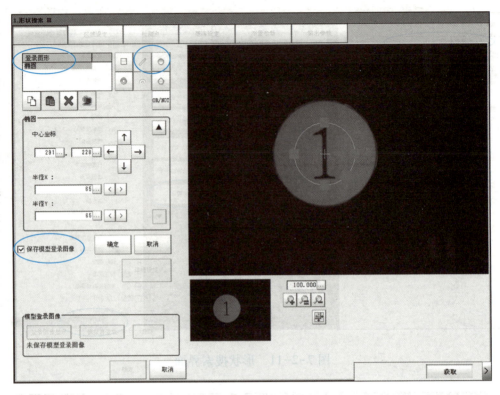

图 7-2-13　登录图形界面

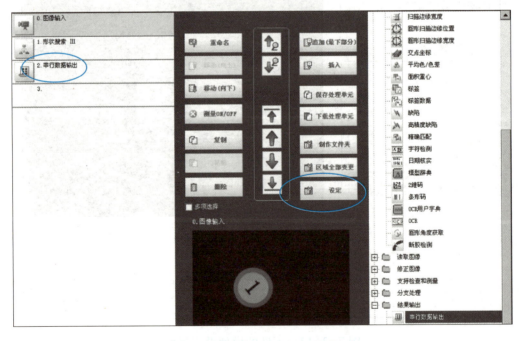

图 7-2-14　串行数据输出设定界面

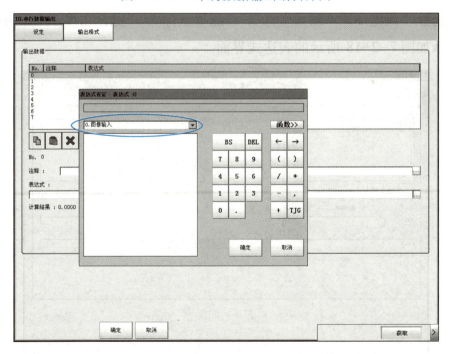

图 7-2-15　串行数据输出编辑界面

图 7-2-16　表达式设定界面

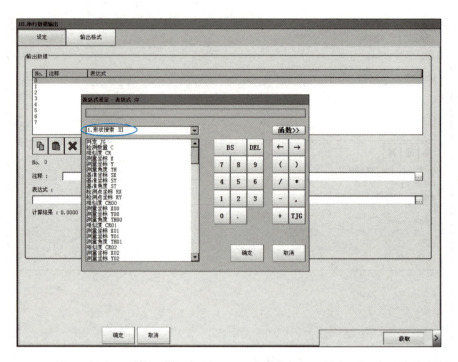

图 7-2-17   形状搜索Ⅲ选择界面

8）选择"判定 JG""测量坐标 X""测量坐标 Y""测量角度 TH"，单击"确定"，显示如图 7-2-18 所示的表达式界面。

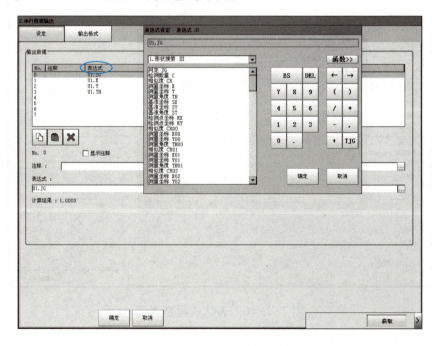

图 7-2-18   表达式界面

9）单击"输出格式"，输出格式界面设置如图 7-2-19 所示。

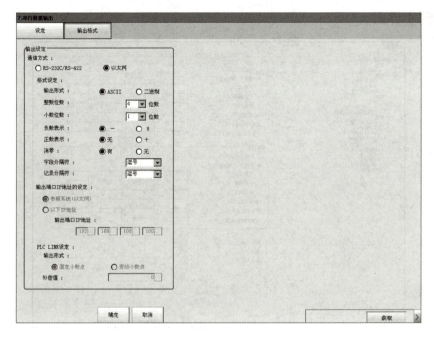

图 7-2-19　输出格式界面

10）单击"确定"回到设定界面，单击工具菜单中"系统设置"，如图 7-2-20 所示。

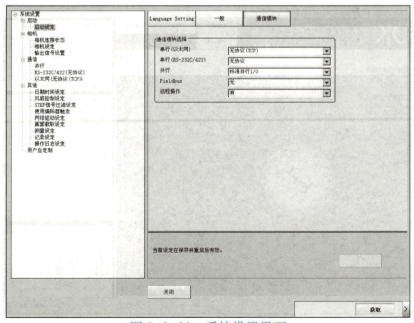

图 7-2-20　系统设置界面

11）单击"以太网（无协议（TCP））"，相关参数如图7-2-21所示。单击关闭，回到主界面。

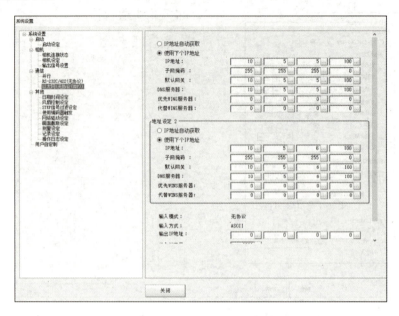

图7-2-21 以太网参数

12）单击"执行测量"按钮，可以看到工件的位置及角度参数数据，如图7-2-22所示。

图7-2-22 工件的位置及角度参数数据

13）通过调试助手可以接收视觉接收区的数据，如图 7-2-23 所示。

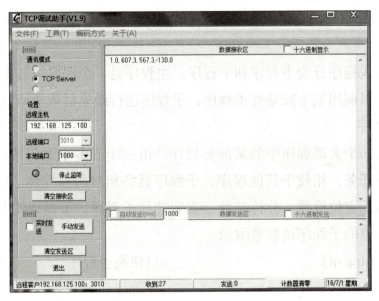

图 7-2-23　视觉接收区数据

（2）视觉系统样例程序

样例程序如下。

```
VAR socketdev socket1;         !声明变量 scoket1
VAR string string1:="";                    !声明变量 string1
PROC Routine1()
    SocketClose socket1;                    !关闭套接字 socket1
    SocketCreate socket1;                   !创建套接字 socket1
    SocketConnect socket1,"192.168.125.100",1000;
                                            !设定套接字的 IP 地址与端口
    WaitTime 0.1;                           !等待 0.1 s
    SocketSend socket1\Str:="m";            !发送拍照指令
    WaitTime 0.1;                           !等待 0.1 s
    SocketReceive socket1\Str:=string1;     !接收 CCD 输出数据
    TPWrite string1;                        !显示 CCD 输出数据
    SocketClose socket1;                    !关闭套接字 socket1
ENDPROC
```

3. 分析综合案例工业机器人程序

工业机器人程序分为主程序和子程序。主程序是一个程序中最先执行的部分，在主程序中可以调用某个或某些子程序，子程序运行结束后依然回到主程序。

（1）子程序

子程序是一个大型程序中的某部分程序，由一个或多个语句块组成。它负责完成某项特定任务，相较于其他程序，子程序具备相对的独立性。完成分拣任务可以建立工具、空位检测、分拣芯片、安装芯片子程序。下面以工具子程序为例进行分析，完整的子程序请参考附录。

```
proc kh(string qf)                        !快换子程序
    waittime 0.5;                         !等待 0.5 s
    if qf="q" then                        !如果字符串信号 qf 等于 q
    reset handchange_start;               !将数字输出信号置为 0(快换装置)
else                                      !否则
    set handchange_start;                 !将数字输出信号置为 1(快换装置)
endif                                     !结束判断
    waittime 0.5;                         !等待 0.5 s
endproc                                   !结束子程序
proc xp_q(string qf)                      !吸盘装拆子程序
    movel offs(xp,0,0,100),v500,z50,tool0;  !移动到点 xp(吸盘上方 100 mm)
    movel offs(xp,0,0,30),v500,z50,tool0;   !移动到点 xp(吸盘上方 30 mm)
    movel xp,v30,fine,tool0;              !移动到点 xp
    if qf="q" then                        !如果字符串信号 qf 等于 q
    kh"q";                                !快换装置吸起
else                                      !否则
    kh"f";                                !快换装置放下
endif                                     !结束判断
    movel offs(xp,0,0,100),v500,z50,tool0;  !移动到点 xp(吸盘上方 100 mm)
endproc                                   !结束子程序
```

```
proc dan( string qf)                            !单吸盘吸放子程序
    waittime 0.5;                               !等待 0.5 s
    if qf = "q" then                            !如果字符串信号 qf 等于 q
    set vacunm_2;                               !单吸盘 I/O 置 1
else                                            !否则
    reset vacunm_2;                             !单吸盘 I/O 置 0
endif                                           !结束判断
    waittime 0.5;                               !等待 0.5 s
endproc                                         !结束子程序
proc shuang( string qf)                         !双吸盘吸放子程序
    waittime 0.5;                               !等待 0.5 s
    if qf = "q" then                            !如果字符串信号等于 q
    set vacunm_1;                               !双吸盘 I/O 置 1
else                                            !否则
    reset vacunm_1;                             !双吸盘 I/O 置 1
endif                                           !结束子程序
    waittime 0.5;                               !等待 0.5 s
endproc                                         !结束子程序
proc lsq_q( string qf)                          !螺钉旋具装拆子程序
    movel offs( lsq,0,0,50), v500, z50, tool0;  !移动到点 lsq( 螺钉旋具上方
                                                    50 mm)
    movel lsq, v30, fine, tool0;                !移动到点 lsq
    if qf = "q" then                            !如果字符串信号等于 q
    kh"q";                                      !快换装置吸起
else                                            !否则
    kh"f";                                      !快换装置放下
endif                                           !结束判断
    movel offs( lsq,0,0,150), v500,             !移动到点 lsq( 螺钉旋具上方 150 mm)
    z50, tool0;
endproc                                         !结束子程序
```

```
proc ls_q( )                                    !吸螺钉子程序
    a1:                                         !标签 a1
    movel lsgd,v500,z50,tool0;                  !移动到点 lsgd(螺钉过渡)
    movel offs(ls,0,0,50),v500,z50,tool0;       !移动到点 ls(螺钉上方 50 mm)
    movel ls,v30,fine,tool0;                    !移动到点 ls
    shuang"q";                                  !双吸盘吸
    if vacsen_1=0 then                          !如果真空检测信号等于 0
        goto a1;                                !指针 pp 移动到 a1
else                                            !否则
    movel offs(ls,0,0,50),v500,z50,tool0;       !移动到点 ls(螺钉上方 50 mm)
    movel lsgd,v500,z50,tool0;                  !移动到点 lsgd
endif                                           !结束判断
endproc                                         !结束子程序
```

（2）主程序

包含调用子程序的程序称为主程序，主程序不能被子程序调用。

```
proc main                                       !主程序
    xp_q"q";                                    !吸盘装
    fl_j;                                       !废料记录空位
    d20_j;                                      !电子产品区记录空位
    t3_1;                                       !t3_1 子程序
    t3_2;                                       !t3_2 子程序
    t4;                                         !t4 子程序
    xp_q"f";                                    !吸盘拆
endproc                                         !结束主程序
endmodule                                       !结束模块
```

任务实施

完成综合案例任务书的相关工作任务。

1）完成工业机器人机械及电气安装与调试。

2）完成工业机器人异形芯片的分拣和安装，并在设备上验证程序的正确性。

3）完成 PLC 编程、视觉设置及系统联调，并在设备上验证程序的正确性。

4）在完成综合案例任务书的相关工作任务时，务必保证设备及人身安全，劳动保护用品穿戴整齐，遵守各项安全操作规程，实训结束要清理现场。

检测与评价

参考工业机器人技术应用综合案例配分表（表 7-2-1），完成机械及电气安装与调试、异形芯片分拣和安装、PLC 编程、视觉设置及系统联调等工作任务，并根据完成的实际情况进行总结。

表 7-2-1　工业机器人技术应用综合案例配分表

评 价 项 目	评 价 要 求	评 分 标 准	分值	得分
机械及电气安装调试	机械安装与调试	1. 遗漏安装零部件，每处扣 2 分 2. 遗漏安装螺钉，每处扣 0.5 分 3. 安装出现松动现象，每处扣 1 分 4. 导轨安装平行度不达标，工装板移动不顺畅，每处扣 2 分 5. 扣完 15 分为止，若安装导致设备部件损坏，本项目不得分	15	
	电气安装与调试	1. 气路连接错误或不符合要求，每处扣 2 分 2. 气路连接处漏气，每处扣 1 分 3. 气路及电路绑扎间距超过 80 mm，每处扣 1 分 4. 传感器固定后功能与信号指示不符合要求，每处扣 2 分 5. 传感器固定不牢，有松动现象，每处扣 1 分 6. 扣完 15 分为止	15	

续表

评价项目	评价要求	评分标准	分值	得分
异形芯片分拣和安装	异形芯片分拣	1. 工业机器人不是由初始位置移动到芯片抓取位置，每次扣2分 2. 工业机器人不能准确抓取异形芯片，每次扣2分 3. 工业机器人抓取异形芯片后无法在视觉检测位置稳定停留20 s，每次扣2分 4. 工业机器人运行过程中发生碰撞现象，本项不得分	15	
	异形芯片安装	1. 工业机器人无法将异形芯片放置到准确位置，每次扣2分 2. 工业机器人放置完芯片后没有回到初始位置，每次扣2分 3. 工业机器人运行过程中发生碰撞现象，本项不得分	15	
PLC 编程、视觉设置及系统联调	PLC 编程	1. PLC 不能控制装配单元的正常运行，每处扣2分 2. PLC 不能对芯片进行检测并反馈状态，扣1分 3. PLC 与工业机器人无法进行通信，扣2分	10	
	视觉设置	1. 无法对芯片的颜色进行有效识别，每次扣1分 2. 无法对芯片的外形轮廓进行有效识别，每次扣1分 3. 无法对芯片的尺寸位置进行有效识别，每次扣1分 4. 视觉组件与工业机器人无法进行通信，扣2分 5. 扣完10分为止	10	
	系统联调	系统功能无法正常完成，本项不得分	10	

续表

评价项目	评价要求	评分标准	分值	得分
安全文明生产	保证设备安全	1. 每损坏设备 1 处扣 1 分 2. 人为损坏设备倒扣 10 分	5	
	保证人身安全	否决项，发生皮肤损伤、触电、电弧灼伤等，本任务不得分		
	劳动保护用品穿戴整齐 遵守各项安全操作规程 实训结束要清理现场	1. 违反安全文明生产考核要求的任何一项，扣 1 分 2. 当教师发现重大人身事故隐患时，要立即制止，并倒扣 10 分 3. 不穿工作服和绝缘鞋，不得进入实训场地	5	
合计			100	

任务小结

本任务要求能完成综合案例的相关工作任务，会设置视觉系统相关参数，理解工业机器人程序。完成任务的同时，要求务必保证设备及人身安全，劳动保护用品穿戴整齐，遵守各项安全操作规程，结合附录的参考程序，对任务实施的内容进行反复操作，熟练掌握相关知识与技能。实训结束要清理现场。

思考与练习

根据实训设备实际情况，分组完成案例的练习。

附录
综合案例参考程序

1. 子程序

module hh　!模块 hh	
（1）工具子程序	
proc kh(string qf)	!快换子程序
waittime 0. 5;	!等待 0. 5 s
if qf = "q" then	!如果字符串信号 qf 等于 q
reset handchange_start;	!将数字输出信号置为 0(快换装置)
else	!否则
set handchange_start;	!将数字输出信号置为 1(快换装置)
endif	!结束判断
waittime 0. 5;	!等待 0. 5 s
endproc	!结束子程序
proc xp_q(string qf)	!吸盘装拆子程序
movel offs(xp,0,0,100) ,v500,z50,tool0;	!移动到点 xp(吸盘上方 100 mm)
movel offs(xp,0,0,30) ,v500,z50,tool0;	!移动到点 xp(吸盘上方 30 mm)
movel xp,v30,fine,tool0;	!移动到点 xp(吸盘)
if qf = "q" then	!如果字符串信号 qf 等于 q
kh"q" ;	!快换吸起
else	!否则
kh"f" ;	!快换放下
endif	!结束判断
movel offs(xp,0,0,100) ,v500,z50,tool0;	!移动到点 xp(吸盘上方 100 mm)
endproc	!结束子程序
proc dan(string qf)	!单吸盘吸放子程序
waittime 0. 5;	!等待 0. 5 s

```
        if qf="q" then                          !如果字符串信号 qf 等于 q
            set vacunm_2;                        !单吸盘 I/O 置 1
    else                                         !否则
            reset vacunm_2;                      !单吸盘 I/O 置 0
    endif                                        !结束判断
        waittime 0.5;                            !等待 0.5 s
    endproc                                      !结束子程序
    proc shuang(string qf)                       !双吸盘吸放子程序
        waittime 0.5;                            !等待 0.5 s
        if qf="q" then                           !如果字符串信号等于 q
            set vacunm_1;                        !双吸盘 I/O 置 1
    else                                         !否则
            reset vacunm_1;                      !双吸盘 I/O 置 1
    endif                                        !结束子程序
        waittime 0.5;                            !等待 0.5 s
    endproc                                      !结束子程序
    proc lsq_q(string qf)                        !螺钉旋具装拆子程序
        movel offs(lsq,0,0,50),v500,z50,tool0;   !移动到点 lsq(螺钉旋具上方
                                                   50 mm)
        movel lsq,v30,fine,tool0;                !移动到点 lsq(螺钉旋具)
        if qf="q" then                           !如果字符串信号等于 q
        kh"q";                                   !快换吸起
    else                                         !否则
        kh"f";                                   !快换放下
    endif                                        !结束判断
        movel offs(lsq,0,0,150),v500,z50,tool0;  !移动到点 lsq(螺钉旋具上方
                                                   150 mm)
    endproc                                      !结束子程序
    proc ls_q()                                  !吸螺钉子程序
```

```
    a1:                                      !标签 a1
        movel lsgd,v500,z50,tool0;           !移动到点 lsgd(螺钉过渡)
        movel offs(ls,0,0,50),v500,z50,tool0; !移动到点 ls(螺钉上方 50 mm)
        movel ls,v30,fine,tool0;             !移动到点 ls(螺钉)
        shuang" q";                          !双吸盘吸
        if vacsen_1=0 then                   !如果真空检测信号等于 0
        goto a1;                             !指针 pp 移动到 a1
    else                                     !否则
        movel offs(ls,0,0,50),v500,z50,tool0; !移动到点 ls(螺钉上方 50 mm)
        movel lsgd,v500,z50,tool0;           !移动到点 lsgd(螺钉过渡)
    endif                                    !结束判断
    endproc                                  !结束子程序
```

（2）空位检测

```
proc yl_q(string qf,num x)                   !原料吸放子程序
    movel ygd,v500,z50,tool0;                !移动到点 ygd(原料过渡)
    movel offs(yl{x},0,0,20),v500,z50,tool0; !移动到点 yl{x}(原料上方
                                               20 mm)
    movel yl{x},v30,fine,tool0;              !移动到点 yl{x}(原料)
    if qf=" q" then                          !如果字符串信号等于 q
    dan" q";                                 !单吸盘吸起
else                                         !否则
    dan" f";                                 !单吸盘放下
    endif                                    !结束判断
    movel offs(yl{x},0,0,20),v500,z50,tool0; !移动到点 yl{x}(原料上方
                                               20 mm)
movel ygd,v500,z50,tool0;                    !移动到点 ygd(原料过渡)
    endproc                                  !结束子程序
    proc fl_q(string qf,num x)               !废料吸放子程序
        movel fgd,v500,z50,tool0;            !移动到点 fgd(废料过渡)
```

```
        movel offs(fl{x},0,0,20),v500,z50,tool0;    !移动到点 fl{x}(废料上方
                                                        20 mm)
        movel fl{x},v30,fine,tool0;              !移动到点 fl{x}(废料)
        if qf="q"then                            !如果字符串信号 qf 等于 q
        dan"q";                                  !单吸盘吸起
    else                                         !否则
        dan"f";                                  !单吸盘放下
    endif                                        !结束判断
        movel offs(fl{x},0,0,20),v500,z50,tool0;    !移动到点 fl{x}(废料上方
                                                        20 mm)
        movel fgd,v500,z50,tool0;                !移动到点 fgd(废料过渡)
    endproc                                      !结束子程序
    proc d20_q(string qf,num x)                  !电子产品区芯片吸放子程序
        movel xgd,v500,z50,tool0;                !移动到点 xgd(产品区过渡)
        movel offs(d20{x},0,0,20),v500,z50,tool0;    !移动到点 d20{x}(产品区芯片
                                                        上方20 mm)
        movel d20{x},v30,fine,tool0;             !移动到点 d20{x}(电子产品区
                                                    芯片)
        if qf="q"then                            !如果字符串信号 qf 等于 q
        dan"q";                                  !单吸盘吸起
    else                                         !否则
        dan"f";                                  !单吸盘放下
    endif                                        !结束判断
        movel offs(d20{x},0,0,20),v500,z50,tool0;    !移动到点 d20{x}(产品区芯片
                                                        上方20 mm)
        movel xgd,v500,z50,tool0;                !移动到点 xgd(产品区过渡)
    endproc                                      !结束子程序
    proc cj(num b)                               !到场景 b 检测子程序
        setgo go10_11_14,b;                      !给 PLCccd 组信号输出 b
```

```
        movel photo,v500,fine,tool0;          !移动到点 photo(拍照位)
        reset allowphoto;                      !将数字输出信号置为 0,允许拍照
        waittime 0.1;                          !等待 0.1s
        set scene_affirm;                      !将数字输出信号置为 1,场景确认
        waittime 0.1;                          !等待 0.1s
        set allowphoto;                        !将数字输出信号置为 1,允许拍照
        waittime 0.1;                          !等待 0.1s
        reset allowphoto;                      !将数字输出信号置为 0,允许拍照
        waittime 0.1;                          !等待 0.1s
        reset scene_affirm;                    !将数字输出信号置为 0(场景确认)
        waittime 0.1;                          !等待 0.1s
    endproc                                    !结束子程序
    proc fl_j(num s)                           !废料记录空位子程序
        for s from 1 to 26 do                  !s 循环从 1 到 26
        fl_q"q",s;                             !废料区吸起 s 芯片
        if vacsen_2=1 then                     !如果单吸盘真空检测信号等于 1
        dan"f";                                !单吸盘放下
        flj{s}:=1;                             !flj{s}废料记录赋值为 1
    else                                       !否则
        dan"f";                                !单吸盘放下
        flj{s}:=0;                             !flj{s}废料记录赋值为 0
    endif                                      !结束判断
        movel offs(fl{s},0,0,20),v30,z50,tool0;  !移动到点 fl{s}(废料上方
                                                    20mm)
        movel fgd,v500,z50,tool0;              !移动到点 fgd(废料过渡)
    endfor                                     !结束循环
    endproc                                    !结束子程序
    proc d20_j()                               !子程序产品区记录空位
        for s from 1 to 20 do                  !s 循环从 1 到 20
```

```
        d20_q"q",s;                              !产品区吸起 s 芯片
        if vacsen_2 = 1 then                     !如果单吸盘真空检测信号等于 1
        dan"f";                                  !单吸盘放下
        d20j{s}: = 1;                            !d20j{s}电子产品记录赋值为 1
else                                             !否则
        dan"f";                                  !单吸盘放下
        d20j{s}: = 0;                            !d20j{s}电子产品记录赋值为 0
    endif                                        !结束判断
        movel offs(d20{s},0,0,20),v30,z50,tool0; !移动到点 d20{s}(产品区芯片上方
                                                    20mm)
        movel xgd,v500,z50,tool0;                !移动到点 xgd(产品区过渡)
endfor                                           !结束循环
endproc                                          !结束子程序
```

（3）分拣芯片

```
proc d20pz(num s,num b,num c)                    !产品区芯片拍照子程序
        d20_q"q",s;                              !产品区吸起 s 芯片
        if vacsen_2 = 0 then                     !如果单吸盘真空检测信号等于 0
        dan"f";                                  !单吸盘放
        movel offs(d20{s},0,0,20),v30,z50,tool0; !移动到点 d20{s}(产品区芯片上方
                                                    20mm)
        goto a1;                                 !指针 pp 移动到 a1
else                                             !否则
        movel offs(d20{s},0,0,20),v30,z50,tool0; !移动到点 d20{s}(产品区芯片上方
                                                    20mm)
        movel xgd,v500,z50,tool0;                !移动到点 xgd(产品区过渡)
        cj b;                                    !到场景 b 拍照
        if ccd_ok = 1 then                       !如果 ccd_ok 视觉输出等于 1
        d20_q"f",s;                              !电子产品区放下 s 芯片
                elseif ccd_ok = 0 then           !如果 ccd_ok 视觉输出等于 0
```

```
        d20j{s} := 0;                              !d20j{s} 赋值为 0
        fl_q"f",c;                                 !废料区放下 c 芯片
        movel offs(fl{c},0,0,20),v30,z50,tool0;    !移动到点 fl{c}（废料）
        movel fgd,v500,z50,tool0;                  !移动到点 fgd（废料过渡）
    endif                                          !结束判断
    endif                                          !结束判断
a1:                                                !标签 a1
        movel xgd,v500,z50,tool0;                  !移动到点 xgd（产品区过渡）
endproc                                            !结束子程序
proc t3_1()                                        !t3_1 子程序
        d20pz 1,1,1;                               !调用 d20pz 程序
        d20pz 2,2,5;                               !调用 d20pz 程序
        d20pz 3,4,20;                              !调用 d20pz 程序
        d20pz 4,4,21;                              !调用 d20pz 程序
        d20pz 5,3,13;                              !调用 d20pz 程序
        d20pz 6,1,2;                               !调用 d20pz 程序
        d20pz 7,2,6;                               !调用 d20pz 程序
        d20pz 8,4,22;                              !调用 d20pz 程序
        d20pz 9,4,23;                              !调用 d20pz 程序
        d20pz 10,3,14;                             !调用 d20pz 程序
        d20pz 11,5,3;                              !调用 d20pz 程序
        d20pz 12,6,7;                              !调用 d20pz 程序
        d20pz 13,3,24;                             !调用 d20pz 程序
        d20pz 14,7,15;                             !调用 d20pz 程序
        d20pz 15,7,16;                             !调用 d20pz 程序
        d20pz 16,5,4;                              !调用 d20pz 程序
        d20pz 17,6,8;                              !调用 d20pz 程序
        d20pz 18,6,9;                              !调用 d20pz 程序
        d20pz 19,3,25;                             !调用 d20pz 程序
```

```
        d20pz 20,7,17;                              !调用 d20pz 程序
endproc                                             !结束子程序
```

（4）安装芯片

```
proc ylpz(num s,num n,num m,num b)                  !原料拍照
    for x from n to m do                            !x 循环从 n 到 m
        yl_q"q",x;                                  !原料区吸起 x 芯片
        if vacsen_2=0 then                          !如果单吸盘真空检测信号等于 0
        dan"f";                                     !单吸盘放下
        movel offs(yl{x},0,0,20),v30,z50,tool0;     !移动到点 yl{x}（原料上方
                                                       20 mm）
        goto a1;                                    !指针 pp 移动到 a1
else                                                !否则
        movel offs(yl{x},0,0,20),v30,z50,tool0;     !移动到点 yl{x}（原料上方
                                                       20 mm）
        movel ygd,v500,z50,tool0;                   !移动到点 ygd（原料过渡）
        cj b;                                       !场景 b 拍照
        if ccd_ok=1 then                            !如果 ccd_ok 视觉输出等于 1
        d20_q"f",s;                                 !产品区放下 s 芯片
        movel offs(d20{s},0,0,20),v30,z50,tool0;    !移动到点 d20{s}（产品区芯片上
                                                       方 20 mm）
        movel xgd,v500,z50,tool0;                   !移动到点 xgd（产品区过渡）
        goto a2;                                    !指针 pp 移动到 a2
        elseif ccd_ok=0 then                        !如果 ccd_ok 视觉输出等于 0
        yl_q"f",x;                                  !原料区放下 x 芯片
        movel offs(yl{x},0,0,20),v30,z50,tool0;     !移动到点 yl{x}（原料上方
                                                       20 mm）
        movel ygd,v500,z50,tool0;                   !移动到点 ygd（原料过渡）
        goto a2;                                    !指针 pp 移动到 a2
    endif                                           !结束判断
```

```
            endif                          !结束判断
            a1:                            !标签 a1
        endfor                             !结束循环
    a2:                                    !标签 a2
endproc                                    !结束子程序
proc d20z(num s,num n,num m,num b)         !产品区装芯片子程序
    if d20j{s}=1 then                      !如果 d20j{s}的值等于 1
        goto a1;                           !指针 pp 移动到 a1
    else                                   !否则
        ylpz,s,n,m,b;                      !调用子程序 ylpz
    endif                                  !结束判断
    a1:                                    !标签 a1
endproc                                    !结束子程序
proc t3_2()                                !子程序 t3_2
    d20z 1,1,4,1;                          !调用子程序 d20z
    d20z 2,5,12,2;                         !调用子程序 d20z
    d20z 3,20,26,4;                        !调用子程序 d20z
    d20z 4,20,26,4;                        !调用子程序 d20z
    d20z 5,13,19,3;                        !调用子程序 d20z
    d20z 6,1,4,1;                          !调用子程序 d20z
    d20z 7,5,12,2;                         !调用子程序 d20z
    d20z 8,20,26,4;                        !调用子程序 d20z
    d20z 9,20,26,4;                        !调用子程序 d20z
    d20z 10,13,19,3;                       !调用子程序 d20z
    d20z 11,1,4,5;                         !调用子程序 d20z
    d20z 12,5,12,6;                        !调用子程序 d20z
    d20z 13,20,26,4;                       !调用子程序 d20z
    d20z 14,13,19,7;                       !调用子程序 d20z
    d20z 15,13,19,7;                       !调用子程序 d20z
```

```
        d20z 16,1,4,5;                              !调用子程序 d20z
        d20z 17,5,12,6;                             !调用子程序 d20z
        d20z 18,5,12,6;                             !调用子程序 d20z
        d20z 19,20,26,4;                            !调用子程序 d20z
        d20z 20,13,19,7;                            !调用子程序 d20z
    endproc                                         !结束子程序
    movel xgd,v500,z50,tool0;                       !移动到 xgd(产品区过渡)
    endfor                                          !结束循环
endproc                                             !结束子程序
proc t4( )                                          !子程序 t4
    for s from 1 to 4 do                            !s 循环从 1 到 4
    movel offs(gb1{s},0,0,70),v500,z50,tool0;       !移动到点 gb1{s}(原料盖板上方
                                                     70 mm)
    movel gb1{s},v30,fine,tool0;                    !移动到点 gb1{s}(原料盖板)
    shuang"q";                                      !双吸盘吸起
    movel offs(gb1{s},0,0,70),v500,z50,tool0;       !移动到点 gb1{s}(原料盖板上方
                                                     70 mm)
    movel xgd,v500,z50,tool0;                       !移动到 xgd(产品区过渡)
    movel offs(gb2{s},0,0,30),v500,z50,tool0;       !移动到点 gb2{s}(产品区盖板上方
                                                     30 mm)
    movel gb2{s},v30,fine,tool0;                    !移动到点 gb2{s}(产品区盖板)
    shuang"f";                                      !双吸盘放下
    movel offs(gb2{s},0,0,30),v500,z50,tool0;       !移动到点 gb2{s}(产品区盖板上方
                                                     30 mm)
    movel xgd,v500,z50,tool0;                       !移动到 xgd(产品区过渡)
    endfor                                          !结束循环
    endproc                                         !结束子程序
```

2. 主程序

```
proc  main                          !主程序
    xp_q"q" ;                       !吸盘装
    fl_j ;                          !废料记录空位
    d20_j ;                         !产品区记录空位
    t3_1 ;                          !t3_1 子程序
    t3_2 ;                          !t3_2 子程序
    t4 ;                            !t4 子程序
    xp_q"f" ;                       !吸盘拆
endproc                             !结束主程序
endmodule                           !结束模块
```

参考文献

[1] 项万明. 工业机器人现场编程 [M]. 北京：人民交通出版社，2019.

[2] 叶晖. 工业机器人实操与应用技巧 [M]. 2版. 北京：机械工业出版社，2017.

[3] 田贵福，林燕文. 工业机器人现场编程 [M]. 北京：机械工业出版社，2017.

[4] 杨杰忠，邹火军. 工业机器人操作与编程 [M]. 北京：机械工业出版社，2017.

[5] 蒋正炎，郑秀丽. 工业机器人工作站安装与调试 [M]. 北京：机械工业出版社，2017.

郑重声明

高等教育出版社依法对本书享有专有出版权。任何未经许可的复制、销售行为均违反《中华人民共和国著作权法》，其行为人将承担相应的民事责任和行政责任；构成犯罪的，将被依法追究刑事责任。为了维护市场秩序，保护读者的合法权益，避免读者误用盗版书造成不良后果，我社将配合行政执法部门和司法机关对违法犯罪的单位和个人进行严厉打击。社会各界人士如发现上述侵权行为，希望及时举报，我社将奖励举报有功人员。

反盗版举报电话　（010）58581999　58582371
反盗版举报邮箱　dd@hep.com.cn
通信地址　北京市西城区德外大街4号　高等教育出版社法律事务部
邮政编码　100120

读者意见反馈

为收集对教材的意见建议，进一步完善教材编写并做好服务工作，读者可将对本教材的意见建议通过如下渠道反馈至我社。

咨询电话　400-810-0598
反馈邮箱　zz_dzyj@pub.hep.cn
通信地址　北京市朝阳区惠新东街4号富盛大厦1座
　　　　　高等教育出版社总编辑办公室
邮政编码　100029

防伪查询说明

用户购书后刮开封底防伪涂层，使用手机微信等软件扫描二维码，会跳转至防伪查询网页，获得所购图书详细信息。

防伪客服电话
（010）58582300

学习卡账号使用说明

一、注册/登录

访问http://abook.hep.com.cn/sve，点击"注册"，在注册页面输入用户名、密码及常用的邮箱进行注册。已注册的用户直接输入用户名和密码登录即可进入"我的课程"页面。

二、课程绑定

点击"我的课程"页面右上方"绑定课程"，在"明码"框中正确输入教材封底防伪标签上的20位数字，点击"确定"完成课程绑定。

三、访问课程

在"正在学习"列表中选择已绑定的课程，点击"进入课程"即可浏览或下载与本书配套的课程资源。刚绑定的课程请在"申请学习"列表中选择相应课程并点击"进入课程"。

如有账号问题，请发邮件至：4a_admin_zz@pub.hep.cn。